再生骨料
水工混凝土耐久性研究

李阳　王瑞骏　著

U0238637

中国水利水电出版社
www.waterpub.com.cn
·北京·

内 容 提 要

本书是一部系统介绍再生骨料水工混凝土耐久性研究成果的专著，探究了再生骨料水工混凝土的基本性能、抗冻耐久性能及其影响因素，明晰了冻融循环与硫酸盐侵蚀、冻融循环与碳化等双重作用下耐久性劣化机理，建立了复合侵蚀作用下再生骨料水工混凝土的耐久性损伤模型，揭示了孔隙结构及侵蚀产物等微观结构演变规律。

本书可供从事水工混凝土材料研究的专家学者及从事水工混凝土建筑物设计、施工和运行维护的工程技术人员参考，也可作为普通高等院校水利工程及土木工程类研究生的教学参考用书。

图书在版编目（CIP）数据

再生骨料水工混凝土耐久性研究 / 李阳，王瑞骏著.
北京 ： 中国水利水电出版社，2024. 9. -- ISBN 978-7
-5226-2830-1

Ⅰ．TU528.59

中国国家版本馆CIP数据核字第2024UZ6204号

书　　　名	**再生骨料水工混凝土耐久性研究** ZAISHENG GULIAO SHUIGONG HUNNINGTU NAIJIUXING YANJIU	
作　　　者	李　阳　王瑞骏　著	
出 版 发 行	中国水利水电出版社 （北京市海淀区玉渊潭南路 1 号 D 座　100038） 网址：www.waterpub.com.cn E-mail：sales@mwr.gov.cn 电话：(010) 68545888（营销中心）	
经　　　售	北京科水图书销售有限公司 电话：(010) 68545874、63202643 全国各地新华书店和相关出版物销售网点	
排　　　版	中国水利水电出版社微机排版中心	
印　　　刷	北京中献拓方科技发展有限公司	
规　　　格	184mm×260mm　16 开本　9.75 印张　237 千字	
版　　　次	2024 年 9 月第 1 版　2024 年 9 月第 1 次印刷	
印　　　数	001—200 册	
定　　　价	**58.00 元**	

►►►► 前　言

  利用建筑垃圾制作的再生骨料全部或部分替代天然骨料，不仅可以实现建筑垃圾的无害化处理和资源化利用，还可以节约天然骨料资源，节省混凝土的制作成本。建筑垃圾再生骨料在水利工程上的应用，具有十分广阔的发展前景，对实现我国"碳达峰、碳中和"的战略目标具有积极的推进作用。水工混凝土是各类水工建筑物的常用建筑材料，由于水利工程规模大、工期长、运行环境复杂，水工混凝土在服役环境中会受到冻融、盐蚀、碳化、渗透、日照等因素的影响，为保证水利工程的正常运行，对水工混凝土的耐久性要求十分严格。长期以来，人们针对再生骨料水工混凝土的耐久性问题开展了相关的研究工作，在抗冻、抗侵蚀、抗碳化等方面获得了一些具有理论和应用价值的研究成果，为有效指导工程设计、施工及运行管理等提供了重要的理论依据。随着水利工程建设规模的日益增大，其预期寿命也将越来越长，因此对水工混凝土的耐久性提出越来越高的要求。而目前关于再生骨料水工混凝土的耐久性的研究多集中于单一影响因素，多重因素耦合作用下耐久性等方面的研究成果还不能完全满足工程要求，再生骨料水工混凝土耐久性问题的研究深度和广度还急需加强和深化。

  本书共 8 章。第 1 章介绍了再生骨料水工混凝土耐久性问题的研究现状，包括再生骨料水工混凝土冻融循环、硫酸盐侵蚀、碳化破坏研究现状，再生骨料水工混凝土耐久性研究的意义；第 2 章介绍了再生骨料水工混凝土的基本性能，包括配合比、和易性和抗压强度等；第 3 章介绍了冻融循环作用下再生骨料水工混凝土的劣化机理，包括混凝土宏观特性的演变规律及冻融损伤模型；第 4 章介绍了冻融循环与硫酸盐侵蚀双重作用下再生骨料水工混凝土耐久性劣化机理，宏观特性的演变规律及混凝土损伤模型；第 5 章介绍了冻融循环与碳化双重作用下再生骨料水工混凝土耐久性劣化机理，宏观特性的演变规律、碳化深度与力学性质的函数关系及混凝土损伤模型；第 6 章介绍了复合侵蚀作用下再生骨料水工混凝土孔隙结构损伤机理，冻融循环与硫酸盐侵蚀、冻融循环与碳化双重作用下的孔隙结构演化规律；第 7 章介绍了复合侵蚀作用下再生骨料水工混凝土微观结构损伤机理，冻融循环与硫酸盐侵蚀、冻融循环与碳化双重作用下的微观结构演化规律；第 8 章介绍了再生骨料水工混凝土耐久性的研究结论和展望。

本书是在王瑞骏指导的研究生李阳的学位论文基础上，由作者补充、完善撰写而成。研究生柴嘉启、庄晓隆、孔凯及张琦睿等参与了部分书稿的整理工作。在此，向他们表示诚挚的感谢！

书中的研究工作得到了西安理工大学省部共建西北旱区生态水利国家重点实验室出版基金资助、国家自然科学基金青年科学基金项目"冻融作用下碾压混凝土层面力学性能演变规律及损伤机理研究"（编号：52009110）资助，在此一并表示衷心的感谢！

本书的研究成果得益于前人大量的辛勤工作，他们的相关研究成果是本书研究成果的坚实基础，在此向所有文献作者一并表示诚挚的敬意和谢意！相关文献如有遗漏，请有关专家和学者谅解！

虽然作者及研究团队投入了大量精力持续开展再生骨料水工混凝土耐久性方面的研究工作，但由于水平和时间有限，本书难免存在不足之处，请读者批评指正！

作　者

2024 年 8 月于西安

目 录

第1章 绪 论

1.1 研究背景和意义

混凝土是建筑行业使用量最大且应用最广泛的建筑材料。然而从混凝土中各种材料混合比例来看，砂石骨料的用量所占比例较大。根据统计世界上各个国家每年的砂石骨料使用总量大约为 120 亿～140 亿 t。大部分的天然骨料资源消耗发生在发展中国家，如中国、印度、巴西等。水利工程中混凝土的用量极大，水工结构建设对于土石等原材料存在巨大需求，但出于环保的要求，政府对开山采石做出了严格限制。可以预见，未来水工结构建设所需的土石等原材料或将面临短缺。因此，将建筑垃圾经处理后补充或替代天然土石料用于水工建筑物建设，既能缓解建筑固体废弃物处理的难题，又能有效解决开山采石导致的环境污染等问题，是促进基础设施绿色化和固废资源化的有力举措，对实现"碳达峰、碳中和"的战略目标具有积极的推进作用。水泥是混凝土中主要的胶凝材料。中国水泥产量占世界总量的一半以上，而印度的水泥占总水泥产量的 7%，排在水泥产量国家的第二位。图 1-1 给出了世界主要水泥生产国家和地区的水泥产量的相对分布图。可以看出，中国与印度这两个发展中国家的水泥生产总量十分巨大。随着混凝土需求的增加，自然资源的损耗就会增加。因此，绿色与可持续的发展成为 21 世纪以来大家广泛关注的问题。

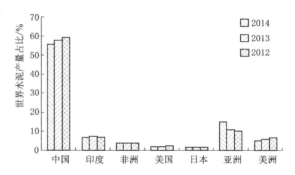

图 1-1 世界主要水泥生产国家和地区的水泥产量的相对分布图

随着建筑业迅速的发展，天然砂石骨料的生产需要对大量的山体进行开挖。长期以来，由于砂石骨料的来源广泛且容易获取，价格低廉，被认为是取之不尽、用之不竭的原材料，从而大量的开采导致出现山体滑坡、河床改道以及资源枯竭等问题，而且严重破坏了大自然的生态平衡。与此同时，城市建设的发展以及地震等自然灾害产生了巨大的建筑垃圾，这些垃圾一般都是未经过任何处理，直接被运往城市周边或者郊外进行露天堆放与简单填埋，这不仅浪费了土地资源，而且严重污染了空气以及周围水环境，对于整个城市的绿色可持续发展造成了影响。

在建筑废弃物中，废旧的混凝土所占的比例较大。然而，废旧混凝土的处理一直是世界上公认的难题，因为其较难分解以及会带来较多粉尘，会引发一定的环境、社会与经济问题。根据相关资料统计，欧盟国家每年生产的建筑垃圾总量超过 4.5 亿 t。欧盟等国家建筑垃圾总量约为 1.8 亿 t/a，具体数据见表 1-1。

表 1-1   欧盟建筑垃圾产量与处理分配表

国　　家	建筑垃圾/万 t	重复或回收利用占比/%	掩埋或焚烧占比/%
法国	24	15	85
意大利	20	9	91
西班牙	13	4	96
荷兰	11	90	10
比利时	7	87	13
奥地利	5	41	59
葡萄牙	3	5	95
丹麦	3	81	19
希腊	2	4	96
瑞典	2	21	79
芬兰	1	45	55
卢森堡	1	3	97

　　由废弃混凝土制备的骨料称为再生混凝土骨料（以下简称再生骨料）。由于废旧混凝土在破碎的过程中在再生骨料内部造成大量的微裂纹，因此会导致其本身孔隙率大、压碎指标高以及堆积密度小等。再生混凝土是指以再生骨料部分或者全部取代天然骨料所制备的混凝土。再生混凝土的使用可以有效地缓解天然骨料短缺的不足，而且可以把废旧混凝土变为可以利用的再生骨料，实现了废料的合理再利用以及绿色混凝土的制备，可以有效地促进建筑业、环境以及自然资源的可持续发展。由于再生混凝土与普通混凝土所用原材料存在差异，因此再生混凝土的性能与普通混凝土也有所区别。表 1-2 总结了部分文献中所用再生粗骨料与天然粗骨料的表观密度以及吸水率。

表 1-2   不同国家或地区再生粗骨料与天然粗骨料表观密度及吸水率数据

国家（地区）	再 生 粗 骨 料		天 然 粗 骨 料	
	表观密度/(kg/m^3)	吸水率/%	表观密度/(kg/m^3)	吸水率/%
中国香港	2639	6.58	2715	1.34
葡萄牙	2550	5.9	2610	0.66
中国台湾	2436	4.9	2650	1.22
西班牙	2430	6.8	2570	3
澳大利亚	2394	5.6	2890	1.17
新加坡	2532	5.5	2711	0.58
韩国	2500	1.93	2580	1.63
埃及	2546	2.25	2660	1.05
美国	2600	6.2	2845	1.25
中国内地	2570	3.52	2620	1.11

根据表 1-2 可以得出，不同国家或地区所生产的再生粗骨料物理性能差别较大，其与天然粗骨料之间的物理性能也有所不同。总体分析来看，再生粗骨料的吸水率明显大于天然粗骨料，表观密度稍小于天然粗骨料，从而表明再生粗骨料整体的密实程度比天然粗骨料小。出现这一现象的主要原因与再生粗骨料表面老砂浆的附着导致整体结构疏松多孔有关。

由于再生粗骨料的性质与天然粗骨料存在一定的差异，因此再生混凝土与普通混凝土的力学性能与耐久性能存在较大的差异。再生混凝土在实际服役的过程中，会受到各种自然环境因素的影响，如硫酸盐侵蚀、氯离子侵蚀、冻融循环、碳化等。在寒冷地区的一些河流与湖泊中硫酸盐浓度较高，冬季气温大都处在 0℃ 以下，混凝土结构不仅遭受着冻融循环破坏，同时还遭受硫酸盐侵蚀的破坏作用，再生混凝土会受到两者复合侵蚀作用。另外，由于一些再生混凝土结构处于潮汐区以及水位变动区部位，再生混凝土长期暴露在空气中受到碳化作用的影响，同时在低温情况下受到冻融循环的影响，再生混凝土的耐久性劣化机理更加复杂。

在水利工程中，混凝土用量较大，若能有效处理和利用废弃混凝土，加工成再生骨料进而配制成再生骨料水工混凝土，使它成为循环性可利用再生资源，既能减轻废弃混凝土对环境的污染，又能减小大量开采天然骨料对生态环境的影响，符合生态可持续发展的要求，具有明显的社会、经济和环境效益。以引黄济青改扩建工程为例，通过对破碎混凝土旧板生产再生骨料过程中使用的机械、材料等进行计算，全部再生骨料的生产费用约为 13.6 元/m³。同期工程周边的天然粗骨料单价约 110 元/m³，细骨料 80 元/m³。按照引黄济青改扩建渠道衬砌改造典型断面设计计算，每千米渠道预制衬砌使用粗骨料约 930m³。仅粗骨料利用一项，全部渠道 256km 就节约资金约 2700 万元。

《国家中长期科学和技术发展规划纲要（2006—2020 年）》与《国家自然科学基金委员会—中国科学院学科发展战略报告（2011—2020 年）》等纲领性文件中明确指出，固体废弃物再生利用符合我国国民经济可持续发展的要求，将固体废弃物直接用于建筑材料，不仅可以节省砂石材料、降低投资成本，而且对环境保护、造福子孙后代都有重要意义。随着世界范围内对环境保护的重视与土木水利工程建设的发展，砂石等天然骨料的紧缺，需要寻找大量的骨料替代材料，而再生粗骨料恰好提供了一种选择。作为一种绿色混凝土材料，再生粗骨料应用于水工混凝土中，在复合侵蚀环境下有其独特的侵蚀劣化机理。本书将通过一系列的试验研究与理论分析，探讨再生骨料水工混凝土在复合侵蚀作用下的劣化机理，提高再生骨料水工混凝土的长期服役性能。

1.2 国内外研究现状

1.2.1 再生混凝土力学性能研究

1.2.1.1 抗压强度

再生混凝土的抗压强度最能够直接有效地反映再生混凝土的力学性能、耐久性能等特性。再生粗骨料混凝土的性质取决于多个方面，例如：水灰比、再生粗骨料性质、再生骨料取代率、再生粗骨料黏结砂浆性质、混凝土配制工艺、外加剂类型等。根据国内外的大量研究成果可知：水灰比相同的情况下，随着再生骨料取代率的增加，再生混凝土的抗压强度将会减小（一般情况下，减小的幅度会在10％左右）。近年来，对于再生粗骨料水工混凝土抗压强度的研究较多，再生骨料对水工混凝土抗压强度有一定影响，对于混凝土28d强度，同一水灰比的再生混凝土的抗压强度比普通混凝土低5％～20％，Nixon等研究表明再生混凝土比普通混凝土抗压强度减少20％。一些学者对改善再生水工混凝土抗压强度进行了研究，研究成果表明：在合适的砂率下，随着水灰比的增大，再生水工混凝土抗压强度不断增加；通过碳化改性可降低再生骨料的吸水率，碳化产物对再生骨料孔隙起到密实作用，相较于普通再生水工混凝土，碳化再生水工骨料混凝土的抗压强度得以改善；在再生水工混凝土中掺加钢纤维、聚丙烯纤维等可以有效提升其抗压强度，复掺纤维比单掺纤维的提升作用更为明显。相关研究表明，用再生骨料可以制备出满足抗压强度要求的水工混凝土。然而，一些研究表明，随着再生骨料的增加，再生混凝土的抗压强度受再生骨料取代率影响较小，甚至会出现抗压强度稍微增大的情况。

再生混凝土抗压强度的研究成果较多，较多学者对于再生粗骨料取代率对混凝土抗压强度的影响进行了研究。大多研究结果表明，掺加再生骨料会降低混凝土的抗压强度，一般情况下，随着再生粗骨料取代率的增大，则其所对应的再生混凝土抗压强度有所下降。然而，部分研究表明，随着再生骨料取代率的增加，混凝土抗压强度随之增加。虽然有些学者在试验中会出现再生混凝土抗压强度变大的情况，但是可以看出，这些增大幅度较小。因此，再生混凝土对于强度要求较低混凝土构建中的应存在一定的前景。然而，许多研究数据表明，再生混凝土抗压强度与再生粗骨料之间有的基本呈线性关系，还有的并不呈现明显的线性关系。分析原因主要是再生骨料的来源不同、配合比不同，因此会产生不同的曲线关系。根据上述所知，再生混凝土的抗压强度受多种因素影响，如水灰比与拌和工艺的影响。

1.2.1.2 劈裂抗拉强度

混凝土的抗拉强度一般通过间接的方法来测定，目前较为常用的方法为劈裂抗拉试验。影响再生混凝土劈裂抗拉强度的主要因素包括：再生骨料取代率、水灰比、配制工艺、水泥种类、养护时间以及再生骨料的性质。研究表明，再生混凝土的抗拉强度随着再生骨料取代率的增加而降低。Bairagi等研究表明，当再生骨料取代率为25％、50％、100％时，再生混凝土的劈裂抗拉强度比普通混凝土降低6％、10％、40％。然而，另外一些学者研究表明：在再生水工混凝土中掺加钢纤维、聚丙烯纤维等可以有效提升其劈裂抗拉强度，且复掺纤维比单掺纤维的提升作用更为明显；再生水工混凝土的劈裂抗拉强度随着再生骨料强度、再生骨料粒径的增加而增加；当再生骨料取代率小于30％时，再生混凝土抗拉强度接近或者大于普通混凝土抗拉强度。

Ravindrarajah等的研究表明，再生混凝土的劈裂抗拉强度随再生粗骨料取代率的增大而减小，且再生混凝土的劈裂抗拉强度离散性也随之增大，出现这一现象的主要原因是由于再生粗骨料表面粘有老砂浆，从而造成离散型较大。另外，一些学者的研究成果与上述结论有所不同，Pereira、Dilbas、Mas以及Padmini等根据试验研究表明，在混凝土中掺入再生粗骨料对于混凝土的劈裂抗拉强度影响较小，劈裂抗拉强度大于普通混凝土。出现上述试验研究成果结论的不同，主要原因是不同国家和地区所生产的再生粗骨料自身性能有所差异，还可能与再生混凝土配合比设计、搅拌工艺、外加剂品质等因素有关，这些需要进一步试验结果得出。

矿物掺合料以及混凝土外加剂对再生混凝土的力学性能影响较大。Kwan 等试验研究表明，在再生混凝土中掺加一定量的粉煤灰等矿物掺合料会导致混凝土劈裂抗拉强度有所降低，且随着水灰比的减小，劈裂抗拉强度的降低速率减小。Padmini 等通过试验研究了减水剂类型以及掺量对于再生混凝土劈裂抗拉强度的影响，结果表明不同减水剂类型对于再生劈裂抗拉强度影响较大。Limbachiya 等通过研究表明，为了保证掺入再生混凝土的减水剂能够充分发挥减水作用，通过对再生粗骨料进行水中预养护，保证再生粗骨料在搅拌之前处于保水状态，从而减小由于老砂浆吸水率较大对于整体水灰比的影响。大多研究结果表明，掺加再生骨料会降低混凝土的劈裂抗拉强度，仅有部分研究数据表明再生骨料会增强混凝土的劈裂抗拉强度，原因可能为再生骨料性质、混凝土配合比等存在差异。

1.2.1.3 抗弯强度

混凝土的抗弯强度也是影响混凝土结构特性的一个主要因素。再生混凝土抗弯强度主要取决于再生骨料取代率、水灰比、骨料含水率、养护条件等。相关文献表明，再生混凝土的抗弯强度随着再生骨料取代率的增大而减小。Padmini 等发现：当再生骨料取代率为25％和50％时，再生混凝土的抗弯强度减少6％～13％。然而当取代率达到100％时，抗弯强度相较与普通混凝土降低26％。根据 Ahmed 等的综述结果来看，尽管大部分的文献都证实再生粗骨料取代率对混凝土的抗弯强度有着不同的影响，但是两者间并不一定呈线性相关，不同文献中再生混凝土抗弯强度与再生骨料取代率之间的相关关系离散性较大。Katz 等通过总结比较，对于100％取代率的再生混凝土而言，其抗弯强度大约为相同水灰比下的普通骨料混凝土的50％左右，再生混凝土相对动弹模量的大小与各文献所用配合比、骨料特性、养护条件、施工工艺等均有紧密的关系。

影响再生混凝土抗弯强度的因素较多，除了再生骨料取代率还包括水灰比、砂率、外加剂品种及掺量。Topcu 等为了提高再生骨料的性质，在水中对再生粗骨料进行预浸泡处理，试验结果表明，经过预浸泡处理处理的再生骨料配制的混凝土比未处理再生骨料配制的混凝土抗弯强度较大。Heeralal 等学者研究表明，再生粗骨料通过进行预吸水处理以后，再生粗骨料内部的饱和程度增强，使得再生粗骨料表面的砂浆也进行了充分的吸水，这一过程导致再生粗骨料表面黏附的老砂浆表面强化，从而增加了旧砂浆与新砂浆之间的黏合能力，使得混凝土新、老砂浆界面之间过渡区力学性质增强，最终导致再生混凝土的抗弯强度有所增大。Prasad 等学者通过试验研究发现，当在再生混凝土配合比中掺入一定量的玻璃纤维与钢纤维，对于再生混凝土的抗弯性能具有明显的提高。Gurdian 通过试验研究表明：在再生混凝土配合比中掺入15％～25％的粉煤灰来替换水泥用量，可以明显地增加再生混凝土的抗弯强度。

根据大量学者对于再生混凝土抗弯强度进行的研究，文献中多数再生混凝土的抗弯强度随着再生骨料取代率的增加而减小。在水灰比一定的情况下，再生粗骨料表面的旧砂浆吸水率较大，因此一些水分被这些旧砂浆所吸收，会导致用于水泥水化的水分减少，最终导致再生混凝土的抗弯强度减小；而且再生混凝土内部的界面过渡区的数量以及形态较多，也会影响再生混凝土的抗弯强度。

1.2.2　再生混凝土冻融循环破坏特性

影响混凝土的耐久性劣化因素较多，按照重要性递增可以排列为：碳化、氯离子侵蚀、硫酸盐的物理化学作用、冻融破坏等。目前对于再生混凝土抗冻性研究主要可以分为两个方面：微观分析尺度与宏观分析尺度。微观分析尺度研究主要包括孔隙内结冰的形式、冰水的迁移方式、孔结构的变化、微小孔隙之间的冻融裂缝等；宏观分析尺度研究主要为混凝土材料与结构的耐久性，包括冻融损伤模型、寿命预测模型以及耐久性的防护方法等。

近十年来，关于再生混凝土抗冻性研究已经成为混凝土耐久性研究中一个十分活跃的领域。学者们通过改变再生混凝土的材料参数，如水灰比、再生粗骨料取代率、再生粗骨料粒径、掺加矿物掺合料、外加剂含量等来探索混凝土材料参数对于再生混凝土的耐久性影响机理。研究表明，再生混凝土抗冻性能的基本规律是，降低水灰比以减小混凝土内部的孔径，掺加引气剂以减小孔隙间距，掺加矿物掺合料以细化混凝土孔隙结构，减小再生粗骨料最大粒径，均能提高再生混凝土的抗冻性。大多学者均会考虑再生粗骨料取代率的影响，Gokce 等学者提出了一个新的方法来研究掺引气剂与未掺引气剂再生混凝土的耐久性能。根据 ASTC666 规范的要求进行试验，结果发现：掺加引气剂的再生混凝土比掺加引气剂的普通混凝土具有较优的抗冻性，分析原因为再生混凝土内部具有较多的微小孔隙与裂缝，因此会较好地释放在冻融循环试验中产生的冻融压力。

常洪雷等综合冻融循环过程中试件的外观形貌破坏情况、质量损失及相对动弹性模量的变化情况，发现再生水工混凝土抗冻性相比于普通混凝土是变差的，50%取代率的再生骨料水工混凝土抗冻性最好，70%取代率次之，100%取代率最差。徐蔚等发现再生骨料水工混凝土的抗冻性能较普通混凝土差，这是因为再生骨料吸水率较大，内部孔隙的水饱和程度较高，导致再生骨料水工混凝土易发生冻融破坏。另外，水灰比小的再生水工混凝土的抗冻性高于水灰比大的再生水工混凝土，且再生水工混凝土强度越高抗冻性能越好。田园等为提高再生水工混凝土性能，研究了骨料预处理方法对再生水工混凝土性能的影响，结果表明浓浆裹预湿砂石法制备的再生骨料水化充分，再生骨料饱和度与砂浆持平，水分几乎不发生转移，界面和新生水泥浆相对较密实，抗压性能和抗冻性均很好。Richardson 通过配制不同再生粗骨料取代率与水灰比再生混凝土进行冻融循环试验，发现掺加再生粗骨料的混凝土和普通混凝土相比具有较低的抗冻性。然而，一些学者的研究表明再生混凝土的抗冻性不一定小于普通混凝土，造成结论差异的主要原因是试验条件以及再生粗骨料初始缺陷（附着砂浆、微裂纹）等因素的不同。Zaharieva 等学者根据规范 ASTMC666 的要求，配制了四种不同的混凝土：①保持水灰比为 0.37，只掺加天然骨料；②保持水灰比为 0.34，只掺加再生粗骨料；③保持水灰比为 0.34，只掺加再生细骨料；④保持水灰比为 0.27，只掺加再生粗骨料。通过试验发现：掺加再生骨料的混凝土和掺加天然骨料的混凝土相比，具有较低的抗冻性；水灰比对于混凝土抗冻性影响最大，对于抗冻性的影响敏感度大于再生骨料掺加量。

一些学者通过再生混凝土抗冻试验研究，发现再生混凝土内部的界面过渡区（ITZ）

是影响混凝土抗冻性的一个主要原因，试验结果也证实了再生混凝土内部微结构损伤与普通混凝土并不相同。这些学者们使用的再生粗骨料一般来源于实验室制备与再生骨料破碎场，目前国内外学者对于废旧母体混凝土类型对再生混凝土抗冻性的影响机理研究还鲜有涉及。

另外，近年来专家学者对于混凝土的冻融损伤进行了大量的研究。但是大多数的再生混凝土冻融损伤研究主要集中在宏观试验方面，对于再生混凝土经过冻融循环以后宏观力学性能及耐久性能进行研究。然而事实上，再生混凝土也是一种由水泥、砂浆、骨料等组成的多孔复合材料，其经历冻融循环一会损伤也是经过微小裂缝的产生、逐渐扩展、最终相互贯通的混凝土内部损伤发展过程。因此，为了真正地了解再生混凝土在冻融循环作用下劣化损伤过程，就需要对于混凝土的微观结构损伤进行研究。目前，也有一些学者运用了电镜扫描、压汞仪测定法、声发射法、CT 扫描等技术手段开展了混凝土微观损伤研究，对于混凝土的内部结构破坏已经有了一定的试验基础。田威等运用 CT 扫描成像技术对冻融环境下的混凝土微观变化进行观测，得到了不同冻融循环次数下混凝土微观结构变化规律。并且运用 CT 图像处理技术直观的标识混凝土内部微小裂纹的发展过程，建立了混凝土的损伤变量与冻融循环次数的关系曲线。Suzuki 等应用超声波发射和 X 射线 CT 图像研究混凝土冻融循环破坏过程，试验得出超声波发射数据和 X 射线 CT 图像数据存在一定的关系，两者的配合使用可以有效地检测混凝土的微观变化过程。秦小川等应用压汞仪测试（MIP）技术对于混凝土的孔隙结构进行分析，从孔隙结构角度来分析混凝土经过冻融循环以后损伤的变化过程。李曙光等在应用电镜扫描的基础上，应用 MATLAB 软件进行混凝土微裂纹定量分析，可实现混凝土内部微裂纹的识别与尺寸测量分析。并且对混凝土在冻融循环过程中的微裂纹裂纹进行定量化分析。试验结果表明，在冻融循环过程中，混凝土内部的微小裂缝的密度、面积、长度等均有所增大。

1.2.3 再生混凝土硫酸盐侵蚀破坏特性

混凝土冻融破坏机理与硫酸盐侵蚀机理是完全不同的，通常可以认为冻融破坏过程是一个物理变化过程，因为在混凝土冻融过程中水化产物的成分基本保持不变；混凝土的硫酸盐侵蚀主要有两种类型，包括硫酸盐的物理侵蚀和化学侵蚀。硫酸盐的物理侵蚀主要表现为无水硫酸钠晶体（Na_2SO_4）转换成十水硫酸钠（$Na_2SO_4 \cdot 10H_2O$）晶体的过程中，晶体体积会有所增加。

硫酸盐的化学侵蚀主要包括钙矾石膨胀破坏、石膏膨胀破坏、钙硅石膨胀破坏等破坏形式。相比于普通混凝土抗硫酸盐侵蚀性能较为成熟的研究成果，再生混凝土抗硫酸盐侵蚀性能的研究相对较少。Marchand 等采用硫酸盐干湿循环试验法对再生混凝土抗硫酸盐侵蚀性能进行了一些初步探索，结果表明再生混凝土的抗硫酸盐侵蚀性能较相同配合比的普通混凝土略差。Yehia 等通过试验研究了浓度为 7.5% 的硫酸钠与硫酸镁溶液中再生混凝土的耐久性能，试验结果表明再生混凝土的抗硫酸盐侵蚀性能相比于同水胶比的普通混凝土较低。Boudali 等通过与普通混凝土进行对比试验研究了再生混凝土的抗硫酸盐侵蚀性能，试验结果表明与普通混凝土相比，再生混凝土具有较高的抗硫酸盐侵蚀性能。Xiao 等通过研究不同再生粗骨料取代率（25%、50%、75% 和 100%）的再生混凝土抗硫酸盐侵蚀性能，发现再生粗骨料的取代率对于混凝土的抗硫酸盐侵蚀性能影响较小。

随着硫酸盐侵蚀作用下混凝土耐久性劣化机理研究的深入，学者们也开始关注硫酸盐侵蚀作用下混凝土微观化学变化。目前主要采用 SEM 法、X 射线衍射（XRD）测试法、热重（TG-DTA）分析法、X 射线能谱仪（EDS）测试法、维氏硬度法、紫外分光光度法等对再生混凝土微裂纹的发展过程、内部界面过渡区的结构演化、侵蚀产物发展过程及结构形态等进行研究，并对侵蚀产物进行定量化的分析。例如，王忠星等通过研究硫酸盐侵蚀作用下再生混凝土不同界面过渡区的显微硬度变化，揭示了再生混凝土在硫酸盐侵蚀作用下的劣化机理。Qi 等采用 SEM、XRD 与 CT 技术分析了硫酸盐侵蚀作用下再生混凝土内部钙矾石及石膏晶体生成形态与内部裂纹发展过程。Lee 等采用 SEM 与 EDS 技术分析了硫酸盐侵蚀作用下再生混凝土界面过渡区以及孔隙中生成石膏晶体的含量及形态，结果表明再生粗骨料与新砂浆之间的界面过渡区最容易发生化学侵蚀破坏。

1.2.4 再生骨料水工混凝土碳化性能

根据文献可知，混凝土的碳化深度随着再生骨料取代率的增加而增大。分析原因：当水灰比一致的时候，再生混凝土比天然骨料混凝土具有较高的孔隙率与吸水率，因此再生混凝土的抵抗碳化作用性能也有所下降。常洪雷等根据不同碳化时间试件的碳化深度及碳化速率，发现 50% 取代率的再生骨料水工混凝土抗碳化性最好，70% 取代率次之，100% 取代率最差。

一些学者研究表明，通过调整水灰比，使得再生混凝土与天然骨料混凝土具有相同的抗压强度，随后进行碳化试验，结果显示：再生混凝土与天然骨料混凝土具有相同的碳化深度。由此可见，混凝土的抗压强度对于再生混凝土碳化性能的影响较大。根据这一思路，其他的一些学者通过增加再生骨料取代率以及在混凝土中掺加粉煤灰等矿物掺合料，结果表明粉煤灰掺量的增加可以减小混凝土抗碳化作用性能。

肖建庄等通过研究不同强度母体混凝土再生骨料对于再生混凝土碳化的影响。试验表明，掺加了 100% 的再生骨料的混凝土试件得到了最大的碳化深度。对于母体混凝土强度为 20MPa、30MPa、50MPa 的再生混凝土，对应的碳化深度比天然骨料混凝土高 80%、26%、10%，因此可以得出，母体混凝土强度越高，再生混凝土的碳化深度越小。

学者们研究了再生粗骨料取代率对于混凝土碳化性能的影响。结果表明：随着混凝土中再生骨料取代率的提高，再生混凝土的碳化深度随之增加。出现这一规律的主要原因是，再生粗骨料的孔隙率大于天然粗骨料，而且再生粗骨料在破碎过程中，内部存在细微的裂缝，导致混凝土的密实度降低，抗碳化性能下降，且取代率越高，碳化速率越大。

1.2.5 再生混凝土在复合侵蚀作用下的损伤

国内外学者在再生混凝土冻融循环、硫酸盐侵蚀以及碳化作用方面已经开展了大量研究工作，并逐渐认识到考虑复合侵蚀作用更为符合实际工程中再生混凝土的服役环境，一些学者已开始关注复合侵蚀作用对再生混凝土耐久性的影响问题，但是相关研究才刚刚起步，仍需要结合再生混凝土的实际服役环境，系统地开展复合侵蚀作用下再生混凝土耐久性劣化机理研究。

为了提高再生混凝土的抗冻、抗硫酸盐侵蚀以及碳化性能，常采用控制水灰比、使用高强度标号水泥、掺加矿物掺合料（粉煤灰、矿渣等）以及外加剂等措施。混凝土的孔隙结构对于其结构整体的抗冻性而言至关重要。一些学者通过大量的途径来改善混凝土的孔隙结构，从而来提高混凝土的抗冻性。再生粗骨料作为掺合料制备混凝土时，混凝土内部的孔隙率、孔隙分布、界面过渡区特性等得到改变，因而再生混凝土的耐久性劣化机理有其独特之处。再生混凝土的复合侵蚀作用机理不仅仅取决于再生混凝土的宏观特性，还与其微结构有关，特别是界面过渡区和孔隙结构。但是目前，在复合侵蚀作用下进行再生混凝土微结构损伤演化与宏观特性变化之间的响应关系研究，在国内外还十分少见。掺入再生粗骨料后，混凝土内部的界面过渡区增多，再生混凝土拥有三种界面过渡区，从而导致混凝土内部界面薄弱环节数量更多且结构更复杂。另外，其孔隙结构也会发生改变，表现为总孔隙数量增加，但是大孔增加幅度较小，小孔增加幅度较大。而且，微观损伤裂纹往往沿着界面过渡区发生。因此，这种微结构的改变会对再生混凝土劣化机理产生较大的影响。单一冻融循环、硫酸盐侵蚀以及碳化等作用下再生混凝土微结构对于耐久性的影响机理研究日益成熟，但是复合作用时再生混凝土微结构的稳定性及其演化规律还有待深入探索。

目前国内外学者对于混凝土在复合侵蚀作用下耐久性研究报道较少，且多数只关注复合侵蚀对于普通混凝土耐久性的影响，并未涉及对再生混凝土的影响研究。Jiang 等对冻融循环与硫酸盐侵蚀复合作用下普通混凝土耐久性进行了研究，结果表明，硫酸盐侵蚀在冻融循环初期对混凝土耐久性影响较小，但随着冻融次数的增加，冻融循环与硫酸盐侵蚀的复合作用加速了混凝土的破坏进程。Yang 等研究发现冻融循环与硫酸盐侵蚀共同作用对于强度较低的混凝土耐久性影响较大，对于强度较高的混凝土耐久性影响较小。Niu 等研究了冻融循环与硫酸盐侵蚀复合作用下普通混凝土的耐久性，结果表明硫酸盐溶液对于混凝土抗冻性产生正面与负面两方面的作用。正面作用为硫酸钠溶液进入混凝土孔隙内部，会使得混凝土孔隙内溶液的凝固点增大，减少混凝土的冻融破坏；负面作用是，硫酸盐会与混凝土内物质发生化学反应促进混凝土的冻融破坏。

幕儒等学者通过试验研究了混凝土经过冻融循环、氯化钠溶液以及外部应力三因素共同作用下的损伤研究，研究结果表明：混凝土在这三种因素共同作用下，混凝土的相对动弹模量下降明显，混凝土的损伤速率较快，因此混凝土的内部破坏较为严重。

Lu 等学者通过试验研究了冻融循环与弯曲荷载耦合作用下的混凝土耐久性研究。通过测量混凝土在作用过程中的相对动弹模量、以及混凝土的应变过程，对于混凝土在冻融循环与弯曲荷载耦合作用下的混凝土耐久性机理进行分析。结果表明：普通混凝土在冻融循环与弯曲荷载耦合作用下的损伤程度小于高强混凝土，且这种多因素耦合作用下的损伤远大于单一因素作用下的损伤。

1.3　现状研究存在的问题与不足

如上所述的诸多研究工作及其成果，有力促进了再生混凝土耐久性问题的研究深度和广度，并为工程应用奠定了良好的理论基础。但是，通过综合分析也不难发现，现状研究仍存在一些明显的问题与不足，其中主要包括：

（1）目前国内外学者对于再生混凝土的耐久性能研究大多只考虑单一因素的破坏作用，但在实际工程中，再生混凝土的耐久性往往受到多种因素的复合影响。所以如何模拟实际工程中再生混凝土耐久性复合侵蚀环境，使试验数据更加贴近于实际，保证试验数据的可行性。以及不同因素对再生混凝土的耐久性影响不同，深入了解再生混凝土在复合侵蚀作用下各个因素之间的耦合作用机理，都是目前亟待解决的问题。

（2）目前大多数学者对于再生混凝土冻融循环、硫酸盐侵蚀及碳化等耐久性研究的重点仍局限于质量损失率、相对动弹模量、抗压强度和碳化深度等宏观指标，但对能够体现再生混凝土耐久性内在演变机理的其内部孔隙结构及其微观劣化过程的研究却较少涉及。然而，初步研究表明再生混凝土结构属于多孔介质结构，混凝土内部孔隙对于再生混凝土的耐久性影响较大。因此，基于孔隙参数的再生混凝土耐久性劣化规律，仍需深入进行研究。另外，再生混凝土作为一种由再生骨料、水泥、砂浆等组成的多相复合材料，其内部结构相比普通混凝土较为复杂，其结构一般是各种初始微缺陷（如孔隙、微裂纹）的萌生、扩展、贯通的损伤发展劣化过程。因此，要真正了解再生混凝土在外界环境作用下的损伤破坏机理，就必须对其微观损伤特征进行研究。

（3）尽管现有研究对再生混凝土力学性能进行了较多的试验研究，但对荷载与侵蚀作用下再生混凝土力学特性规律研究较为薄弱，相应的机理研究发表文献较少。因此，在荷载与侵蚀共同作用下再生混凝土力学性能演化规律，仍需深入进行研究。

1.4　研　究　内　容

本书拟综合运用试验研究和理论分析等方法，进行下列内容的研究：

（1）针对不同再生骨料取代率及不同粉煤灰掺量的再生混凝土试件，开展坍落度试验以及抗压强度试验，进行其流动性能和力学性能的研究，探讨再生混凝土宏观力学性能变化的内在原因，分析并揭示了其与普通混凝土在材料性能上的差异机理。

（2）针对不同再生骨料取代率及不同粉煤灰掺量的再生混凝土试件，开展混凝土冻融循环试验，研究不同再生骨料取代率以及粉煤灰掺量对再生混凝土抗冻规律的影响，分析冻融循环下再生混凝土质量损失率、相对动弹模量以及抗压强度的时变规律，探讨再生混凝土的冻融损伤劣化模式，分析再生骨料取代率以及粉煤灰掺量对于再生混凝土抗冻性的影响机理，建立综合考虑再生混凝土材料参数、冻融循环作用影响的再生混凝土耐久性损伤模型。

（3）针对不同再生骨料取代率及不同粉煤灰掺量的再生混凝土试件，设计并开展冻融循环和硫酸盐侵蚀双重作用下再生混凝土耐久性试验，研究冻融循环和硫酸盐侵蚀双重作用下混凝土质量损失率、相对动弹模量、抗压强度的时变规律，分析冻融循环和硫酸盐侵蚀双重作用下再生混凝土损伤机理及两者间的耦合效应，并运用紫外分光光度法，研究冻融循环和硫酸盐侵蚀双重作用下再生混凝土硫酸盐传输性能的时变规律；通过引入再生混凝土复合损伤影响系数 λ，探讨硫酸盐溶液作用对再生混凝土抗冻性能的影响机理；建立综合考虑再生混凝土材料参数、冻融循环和硫酸盐侵蚀双重作用的耐久性损伤模型。

（4）针对不同再生骨料取代率及不同粉煤灰掺量的再生混凝土试件，设计并开展冻融循环和碳化双重作用下再生混凝土耐久性试验，研究冻融循环和碳化双重作用下混凝土碳化深度、质量损失率、相对动弹模量、抗压强度的时变规律，分析冻融循环和碳化双重作用下再生混凝土损伤机理及两者之间的耦合效应；通过对比分析再生混凝土碳化深度与其抗压强度之间的关系，定量揭示再生混凝土在冻融环境中碳化作用速率与混凝土力学性质时变规律的本质原因；通过引入再生混凝土复合损伤影响系数 λ_C，探讨碳化作用对再生混凝土抗冻性能的影响机理；引入再生混凝土复合损伤影响系数 λ_F，探讨冻融循环对混凝土碳化性能的影响机理；建立综合考虑再生混凝土材料参数、冻融循环和碳化双重作用影响的耐久性损伤模型。

（5）运用核磁共振技术（NMR），考虑再生骨料取代率与粉煤灰掺量的影响，对再生混凝土的孔隙结构进行测量，揭示再生混凝土的孔隙结构特征随着配合比参数的变化规律，同时通过对比分析复合侵蚀作用前后的再生混凝土孔隙结构特征，探明不同复合侵蚀作用下再生混凝土的孔隙率与孔隙分布的演变规律，揭示复合侵蚀作用下再生混凝土的孔隙结构损伤特性，为复合侵蚀下再生混凝土的耐久性的研究提供一种新的方法和思路。

（6）运用电镜扫描（SEM）、X射线衍射（XRD）与X射线能谱仪（EDS）等微观测试技术手段，分析复合侵蚀作用下再生混凝土孔隙微观裂缝的发展过程、内部界面过渡区的结构演化、主要侵蚀产物生长发展过程、主要侵蚀生成物结构形态和特征，并对反应的生成物进行定量化的分析，从微观角度揭示复合侵蚀作用下再生混凝土损伤劣化机理。

第2章 再生骨料水工混凝土基本性能研究

再生骨料取代率以及粉煤灰掺量对再生混凝土的力学性能影响较大。本章主要对不同再生骨料取代率以及不同粉煤灰掺量下再生混凝土的力学性能及流动性能进行了试验研究。首先对再生混凝土的原材料进行介绍，并对再生混凝土配合比进行设计。对于不同配合比下的再生混凝土试件进行坍落度试验以及抗压强度试验，分析不同再生骨料取代率以及粉煤灰掺量对于再生混凝土流动性以及抗压强度的影响。

2.1 试验原材料

2.1.1 骨料

骨料的掺量占到混凝土的配合比中材料总量的 60% 以上。再生骨料与天然骨料的基本性能、掺量大小都会对混凝土的和易性、力学性质以及耐久性产生一定的影响。本试验中为保证再生混凝土具有良好的力学性质以及耐久性能，骨料的选取根据规范 JGJ 52—2006《普通混凝土砂、石质量及检验方法标准》、GB/T 14685—2022《建筑用卵石、碎石》进行选择天然骨料。根据 GB/T 25177—2010《混凝土用再生粗骨料》标准对于再生粗骨料进行选择。在粗骨料选择时候，尽量选择强度较高、杂质含量较少、粒形级配良好的骨料，细骨料选择的时候尽量选择细度模数较大的砂料。

2.1.1.1 天然粗骨料（卵石）

天然粗骨料的颗粒大小、形状及表面的光滑程度对于混凝土的和易性影响较大。相比之下，卵石的表面光滑程度较高，而且棱角较少，因此表观面积较少，在再生混凝土拌和的时候水泥的用量也会相应的减少，这样就会导致再生混凝土和易性较好，但是卵石的缺点是与水泥砂浆的结合能力较弱。相比之下，碎石颗粒的表面较为粗糙，而且棱角也多，并且表面积以及孔隙率较大，因此拌和而成的再生混凝土料的和易性较差，优点是与水泥砂浆的结合能力较强。再生混凝土根据粗骨料的粒径不同，可以分为不同的级配。根据再生混凝土拌和相关规范的要求，再生混凝土最好采用二级配的骨料，骨料的最大粒径为 20mm。

本试验中采用的粗骨料为渭河卵石（图 2-1），其中最大粒径为 20mm，破碎率为 2.56。本试验中粒径为 5～10mm 的石子与 10～20mm 的石子比例为 1∶1。粒径为 5～10mm 的石子与 10～20mm 的石子的级配关系曲线如图 2-2 所示。由图可知，本试验中粒径为 5～10mm 的石子与 10～20mm 的石子比例为 1∶1。

图 2-1　天然粗骨料

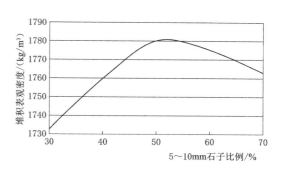

图 2-2　二级配骨料不同比例与堆积
表观密度的关系曲线

2.1.1.2　再生粗骨料

由于大型骨料破碎场对于再生骨料母体混凝土的强度不好控制，本次选取室内破碎的方法进行再生粗骨料的配制。本次选取母体混凝土为 C40～C60 掺加引气剂混凝土，来自西安理工大学水工实验室进行抗压强度试件混凝土废料。根据 GB/T 14685—2022《建筑用卵石、碎石》粗骨料相关试验规定中碎石压碎指标规定符合Ⅱ类压碎指标。再生粗骨料的破碎成型过程如下：首先人工用铁锥对废旧混凝土块进行破碎，随后用小铁锤对其进行进一步破碎，根据粗骨料的标准筛得到连续再生粗骨料颗粒级配，最后对骨料中的杂质进行清理，并用清水对再生粗骨料进行冲洗，除去再生粗骨料表面的一些附着物。本试验中为了得到高性能的再生混凝土，因此对于再生粗骨料的形状进行了筛选，尽量避免较多针片状骨料影响再生混凝土的和易性以及耐久性能。本试验中再生粗骨料粒径在 5～20mm，表观密度 $2510kg/m^3$，压碎指标 15.2%，吸水率 10.2%。根据 JGJ 52—2006《普通混凝土砂、石质量及检验方法标准》、GB/T 25177—2010《混凝土用再生粗骨料》以及 GB/T 50743《工程施工废弃物再生利用技术和规范》等规范测试所得天然与再生粗骨料性能指标见表 2-1。再生粗骨料形态如图 2-3 所示，各种骨料级配曲线如图 2-4 所示。试验所得再生粗骨料筛分结果符合Ⅰ级再生粗骨料标准，因此可以配制高标号混凝土。

表 2-1　　　　　　　　　　　　天然与再生粗骨料性能指标

骨料类型	粒径/mm	表观密度/(kg/m³)	堆积密度/(kg/m³)	孔隙率/%	压碎值/%
天然粗骨料	5～20	2790	1420	1.5	4.04
再生粗骨料	5～20	2510	1250	46.3	15.2

吸水率是再生粗骨料的一个主要物理指标，由于再生骨料表面砂浆的存在，导致再生粗骨料与天然粗骨料的吸水率差异较大。目前，采用的再生骨料吸水率测试方法主要是：将吸水饱和后的再生粗骨料放入烘箱中烘至干燥状态，从而测试得到再生粗骨料吸水率，可以认为是粗骨料在烘干状态时的吸水率。然而，在实际工程中，粗骨料大多是在气干状态下进行搅拌的，因此本试验中对于再生粗骨料的吸水率采用气干状态下进行测试，可以有效地模拟实际工程中再生骨料的吸水率。定义 w 表示粗骨料在气干状态下的骨料吸水率。测试方法过程如下。

图 2-3　再生粗骨料

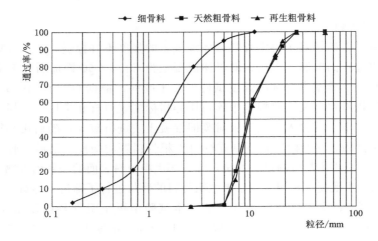

图 2-4　再生粗骨料、天然粗骨料、细骨料级配曲线

在混凝土搅拌之前，挑选 3 组质量为 5kg 气干状态下的粗骨料样品，称其质量为 m_0；随后将这三组骨料样品放入清水中浸泡 10h、15h、24h 后，取出骨料样品用湿抹布擦拭至饱和面干状态，称其质量为 m_1，则在气干状态下的粗骨料天然吸水率 w 可按照下式进行计算：

$$w = (m_1 - m_0) \div m_0 \times 100\% \tag{2.1}$$

根据试验结果可知，本试验所用的再生粗骨料 24h 吸水率为 10.2%，天然粗骨料的 24h 吸水率为 0.9%，再生粗骨料吸水率为天然骨料 10 倍以上。出现这一现象的主要原因为再生粗骨料表面黏结着大量的老砂浆，这些老砂浆一般本身易吸水且疏松多孔，因此会导致整体再生粗骨料的吸水率较高。本试验中天然与再生粗骨料吸水率见表 2-2。

表 2-2　　　　　　　　　　　　　天然与再生粗骨料吸水率

粗骨料吸水率	天然粗骨料	再生粗骨料	粗骨料吸水率	天然粗骨料	再生粗骨料
10h 吸水率/%	0.575	9.3	24h 吸水率/%	0.9	10.2
15h 吸水率/%	0.584	9.5			

2.1.1.3 细骨料

本次研究的细骨料选用渭河河沙,根据 JGJ 52—2006《普通混凝土用砂、石质量与检验方法标准》做筛分测试结果如图 2-4 所示,测试结果显示,该砂为中砂,细度模数 2.8。细骨料性能指标见表 2-3。

表 2-3　　　　　　　　　　　　　　细 骨 料 性 能 指 标

骨料类型	表观密度 /(kg/m³)	堆积密度 /(kg/m³)	孔隙率 /%	含泥量 /%	细度模数	泥块含量 /%	吸水率 /%
细骨料	2680	1615	41	0.6	2.8	1.6	0.85
标准规定	≥2500	≥1350	<47	<1	中砂	符合要求	

2.1.2 胶凝材料

2.1.2.1 水泥

本试验中选用普通硅酸盐水泥进行配制。硅酸盐水泥的选择不仅需要考虑水泥本身的相关性能指标,同时还应该考虑混凝土的流动性以及经济性的相关要求。本次试验选择铜川水泥制造厂生产的 PO42.5R 早强型普通硅酸盐水泥,水泥与粉煤灰化学成分组成及相关性质见表 2-4。根据 GB 175—2007《通用硅酸盐水泥》标准水泥性能指标见表 2-5。水泥电镜扫描如图 2-5(a)所示。

表 2-4　　　　　　　　　　水 泥 与 粉 煤 灰 化 学 成 分 组 成 及 相 关 性 质

成　分	水　泥	粉煤灰	成　分	水　泥	粉煤灰
SiO_2/%	21.45	49.57	Na_2O/%	0.25	0.43
Al_2O_3/%	6.45	30.31	SO_3/%	2.01	1.25
CaO/%	61.5	5.67	烧失量/%	4.05	3.48
Fe_2O_3/%	3.09	7.01	密度/(g/cm³)	3.15	2.31
MgO/%	1.21	0.83	比表面积/(cm²/g)	3412	3955
K_2O/%	1.38	1.36			

表 2-5　　　　　　　　　　　　　　水 泥 性 能 指 标

测试项目	标准稠度 /%	细度模数	凝结时间/h		抗压强度/MPa		抗折强度/MPa	
			初凝	终凝	7d	28d	7d	28d
结果	24.3	1.2	4.5	6	35.1	44.7	6.5	9.3

2.1.2.2 粉煤灰

粉煤灰是在火电厂排放粉尘时收集的微小颗粒,一般为形状为实心以及空心球状。本试验采用青岛四方发电厂生产的粉煤灰,为 F 级粉煤灰,根据国标 GB/T 1596—2005《用于水泥和混凝土中的粉煤灰》对粉煤灰性能指标进行检测见表 2-6;粉煤灰电镜扫描如图 2-5(b)所示。

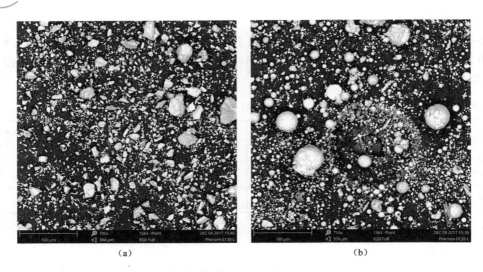

图 2-5　胶凝材料电镜扫描图

(a) 水泥；(b) 粉煤灰

表 2-6　　　　　　　　　　粉 煤 灰 性 能 指 标

项目	含水率/%	细度模数	灼烧/%	SO$_3$/%	需水量比
测量值	0.25	6.35	3.48	1.25	92
国家标准	≤1	≤12	≤5	≤3	≤95

2.1.3　混凝土外加剂

本试验配合比中加入的高效减水剂，品种为湖南铭煌科技厂生产的 MH-JS-102 聚羧酸减水剂（高减水型），该减水剂的外观形态为白色液体，减水剂溶液中聚羧酸含量达到 8%，混凝土减水率达到 18%~25%。

本次试验中在配合比中加入高效引气剂，引气剂名称为三聚氰胺，外观为白色粉末，易溶于水。

2.2　试 验 方 案 设 计

2.2.1　配合比设计

根据 CECS 385—2014《再生骨料混凝土耐久性控制技术规程》的相关要求。本次试验中配合比的基准组设计为水灰比 0.36，粉煤灰、再生骨料取代率为 0，在标准养护条件下养护时间 28d。用水量恒定为 161kg/m^3，胶凝材料总用量恒定为 445kg/m^3，粉煤灰掺量为 0、20%、40%，再生粗骨料替换天然粗骨料取代率为 0、20%、50%、100%。通过正交试验法设计再生混凝土配合比见表 2-7。表中总共包括 12 种配合比，配合比编号中 R 代表再生骨料取代率，F 代表粉煤灰掺量，如 R50F40 表示再生骨料取代率 50%、粉煤灰掺量为 40% 的再生混凝土。引气剂掺量为胶凝材料的 0.03%，减水剂掺量为胶凝材料的 1%。

表 2-7　　　　　　　　再生骨料水工混凝土配合比

配合比	含量/(kg/m³)						引气剂/%	减水剂/%
	水	水泥	粉煤灰	砂子	天然粗骨料	再生粗骨料		
R0F0	161	445	0	702	1098	0	0.03	1
R20F0	161	445	0	702	840	258	0.03	1
R50F0	161	445	0	702	552.36	530.3	0.03	1
R100F0	161	445	0	702	0	1066	0.03	1
R0F20	161	356	89	667	1098	0	0.03	1
R20F20	161	356	89	667	840	258	0.03	1
R50F20	161	356	89	667	552.36	530.3	0.03	1
R100F20	161	356	89	667	0	1066	0.03	1
R0F40	161	267	178	633	1098	0	0.03	1
R20F40	161	267	178	633	840	258	0.03	1
R50F40	161	267	178	633	552.36	530.3	0.03	1
R100F40	161	267	178	633	0	1066	0.03	1

注　本书混凝土配合比中仅掺加再生粗骨料，表中配合比编号中 R 代表再生骨料取代率，F 代表粉煤灰掺量，如 R50F40 表示再生骨料取代率 50%、粉煤灰掺量 40% 的再生混凝土。

2.2.2　试件成型与养护

采用小型移动式混凝土搅拌机进行混凝土的生产，投料顺序如下。①先将砂、水泥、粗骨料依次投入小型移动式混凝土搅拌机，干拌 60s。②将所有的水（对于本试验再生骨料混凝土，即基本用水量＋引气剂与减水剂）一起加入搅拌机，搅拌 60s。分别取一定量的新鲜搅拌混凝土，根据规范 GB/T 50081—2019《混凝土物理力学性能试验方法标准》的要求，测试新拌混凝土的坍落度。③将混凝土加入到钢制试模，并搬上振动台进行振捣，振捣 30s 直到混凝土表面泛浆即可。在室温下放置 24h 后进行拆模，随后将混凝土试件放入标准养护箱内，设置养护箱温度为 20℃，湿度为 98%。养护 28d 后取出试件进行试验。

2.3　试验结果分析

2.3.1　再生骨料水工混凝土和易性

通过进行新鲜混凝土的坍落度试验来分析再生混凝土的和易性，各配合比混凝土的坍落度见表 2-8。

表 2-8　　　　　　　　各配合比混凝土的坍落度

配合比	坍落度/mm	密度/(kg/m³)	保水性	黏聚性
R0F0	158	2426	少量	良好
R20F0	142	2411	少量	良好
R50F0	131	2386	少量	良好
R100F0	126	2352	少量	良好

配合比	坍落度/mm	密度/(kg/m³)	保水性	黏聚性
R0F20	178	2456	少量	良好
R20F20	163	2450	少量	良好
R50F20	149	2422	少量	良好
R100F20	142	2397	少量	良好
R0F40	195	2442	少量	良好
R20F40	179	2435	少量	良好
R50F40	162	2419	少量	良好
R100F40	158	2399	少量	良好

通过表 2-8 可知，R0F0、R20F0、R50F0、R100F0 四组新拌混凝土的坍落度分别为 158mm、142mm、131mm 及 126mm。对于粉煤灰掺量为 20% 的混凝土，R0F20、R20F20、R50F20、R100F20 四组新拌混凝土的坍落度分别为 178mm、163mm、149mm 及 142mm。分析数据可知：再生骨料取代率为 0 的混凝土，其坍落度最大，其次为取代率为 20% 与 50% 的再生混凝土，再生骨料取代率为 100% 的混凝土坍落度最小。可以得出随着再生骨料的掺加，新拌混凝土的坍落度随着减少，再生骨料取代率为 100% 的混凝土坍落度最小。这是由于再生粗骨料表面粘有大量的旧砂浆，旧砂浆的增多导致混凝土的吸水率增大，因此会间接的减小混凝土的水灰比，再加上再生骨料的表面粗糙度较大从而增加了表面的摩擦力，最终导致混凝土的坍落度有所降低。

通过表 2-8 可知，R0F0、R0F20、R0F40 三组新拌混凝土的坍落度分别为 158mm、178mm、195mm；对于再生骨料取代率为 20% 的混凝土，R20F0、R20F20、R20F40 三组新拌混凝土的坍落度分别为 142mm、163mm、179mm；对于再生骨料取代率为 100% 的混凝土，R100F0、R100F20、R100F40 三组新拌混凝土的坍落度分别为 126mm、142mm、158mm。当再生骨料取代率相同的情况下，随着粉煤灰掺量的加大，坍落度随之增加。这是因为呈球状的粉煤灰颗粒粒径较小，可对水泥浆体中的孔隙进行部分填充，从而减少孔隙水使得水泥浆体间摩擦力减小，因此导致混凝土的坍落度有所增加。

2.3.2　再生骨料水工混凝土抗压强度

2.3.2.1　再生骨料水工混凝土抗压强度试验过程

再生混凝土力学性能试验主要仪器设备为混凝土万能试验机。该试验机为天水红山试验机制造厂生产的 WAW-1000 型号，最大压力为 1000kN。再生混凝土抗压强度试件尺寸为 100mm×100mm×100mm。

试验步骤如下：

(1) 当混凝土试件养护 28d 以后，把混凝土从标准养护箱内取出后，对试件进行保湿，防止出现干缩裂缝。

(2) 随后开始试验，首先检查混凝土试件表面光滑程度，随后对于混凝土试件的尺寸进行复核，精确到 1mm，计算再生混凝土受压面积。当再生混凝土试件出现有严重缺陷时的问题时，应该废弃。

（3）将再生混凝土试件放在混凝土压力试验机台座的正中央，使承压板与混凝土试件成型时的顶面垂直，开动试验机进行试验。

（4）以 0.5mm/min 的恒定速率进行加载，保持速度不变，加载由微机进行控制，拍照记录。

2.3.2.2　再生骨料水工混凝土的受压破坏特征

本节再生混凝土受压破坏主要以立方体试块为研究对象。加载初期，可以看到再生混凝土试件表面未发现有裂纹出现，此时再生混凝土试件受到的荷载较小。再生混凝土试块的表面并无明显的裂缝产生，说明这个阶段内属于抗压过程中的混凝土内部的弹性阶段，这一阶段内混凝土所受到的外力与其内部的分子力之间形成了动态平衡。因此，在这个阶段内混凝土的内部结构处于一个稳定的状态，内部结构基本不会发生变化，如果外界受到的压力取消，混凝土试件的变形可以基本忽略，如图 2-6（a）所示。随着荷载的进一步施加，再生混凝土试件逐渐进入塑性破坏阶段，这一阶段的宏观表现为微小裂缝不断地产生与发展，立方体试件侧表面首先产生较大裂纹，随后蔓延到整个立方体试件表面，如图 2-6（b）所示。当混凝土的应力达到抗压强度的时候，混凝土的应力达到了最大值，然而其变形还在不断地增大，因此会导致大量裂缝出现在混凝土结构的表面，如图 2-6（c）所示。此时裂缝从试块上表面沿斜向开裂，对应的混凝土应力应变曲线进入到下降阶段，破坏形态如图 2-6（d）所示。

经过普通混凝土与再生混凝土抗压试验以后，对于普通混凝土与再生混凝土的裂缝发

（a）　　　　　　　　　　　　（b）

（c）　　　　　　　　　　　　（d）

图 2-6　再生混凝土受压破坏形态
（a）弹性阶段；（b）塑性破坏阶段；（c）大量裂缝出现；（d）裂缝开裂

展情况进行检查。天然骨料混凝土立方体试件破坏以后，破坏的部位主要集中在天然粗骨料和水泥砂浆之间的界面过渡区（ITZ）。然而，对于再生混凝土而言，破坏后裂缝发展方式有所不同，破坏的部位主要表现在两个部位：①再生粗骨料和水泥砂浆之间的界面过渡区；②再生粗骨料本身（从再生骨料中间破坏）。另外，再生混凝土在进行抗压试验后，再生粗骨料的砂浆更加容易分离，而且再生粗骨料与砂浆之间的界面过渡区破坏较为明显。裂缝宽度方面，再生混凝土破坏以后发生在再生骨料与天然砂浆之间的裂缝比普通混凝土破坏后裂缝较宽。

2.3.2.3　再生骨料水工混凝土抗压强度分析

根据抗压强度试验，得出的各个配合比混凝土 28d 抗压强度如图 2-7 所示。

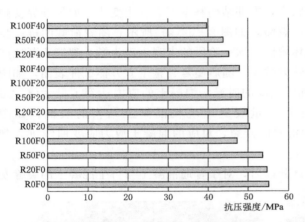

图 2-7　不同配合比再生混凝土 28d 抗压强度

根据图 2-7 可知，在粉煤灰掺量为 0 时，R0F0、R20F0、R50F0、R100F0 四组混凝土 28d 抗压强度分别为 55.15MPa、54.67MPa、53.62MPa 及 47.36MPa。与未掺加再生骨料的混凝土 R0F0 相比，R20F0、R50F0、R100F0 抗压强度减少 0.9%、2.7%、14.1%。在粉煤灰掺量为 20% 时，R0F20、R20F20、R50F20、R100F20 混凝土 28d 抗压强度分别为 50.32MPa、49.82MPa、48.31MPa 及 42.55MPa；与未掺加再生骨料的 R0F20 混凝土相比，R20F0、R50F0、R100F0 混凝土抗压强度减少 0.9%、3.9%、15.4%。在粉煤灰掺量为 40% 时，R0F40、R20F40、R50F40、R100F40 混凝土 28d 抗压强度分别为 47.98MPa、45.3MPa、43.76MPa 及 39.65MPa；与未掺加再生骨料的 R0F40 混凝土相比，R20F0、R50F0、R100F0 混凝土抗压强度减少 0.5%、0.8%、17.3%。由以上结果可知，混凝土的抗压强度随着再生骨料取代率的增加而减少，且再生骨料取代率越大，再生混凝土抗压强度减少的速率加快。这一结论与文献中的结论相互验证。主要有以下 3 方面原因：

（1）由于再生粗骨料的吸水率较大，较多的水分被再生粗骨料吸收，因此没有较多的水分来参与水泥的水化反应，会影响混凝土抗压强度的发展。

（2）由于再生骨料在加工制作过程中无法避免的内部损伤，无论人工还是机械都会导致再生骨料内部界面过渡区上以及骨料内部均有微小裂缝产生。

（3）由于再生混凝土内部砂浆与骨料的结构较为复杂，存在着 3 种界面过渡区，导致混凝土内部骨料砂浆界面过渡区过多以及形式多样化，因此会减小骨料与砂浆之间的黏结程度。图 2-8 可以清楚地呈现再生骨料在混凝土内部的特征。

根据图 2-7 可知，在再生骨料取代率为 0 时，R0F0、R0F20、R0F40 三组混凝土 28d 抗压强度分别为 55.15MPa、50.32MPa、47.98MPa。与未掺加粉煤灰的混凝土 R0F0 相比，R0F20、R0F40 抗压强度减少 8.7%、13%。在再生骨料取代率为 50% 时，R50F0、

R50F20、R50F40 三组再生混凝土 28d 抗压强度
分别为 53.62MPa、48.31MPa、43.76MPa；与
未掺加粉煤灰的 R50F0 混凝土相比，R0F20、
R0F40 抗压强度减少 9.9%，18.3%。在再生
骨料取代率为 100% 时，R100F0、R100F20、
R100F40 三组再生混凝土 28d 抗压强度分别为
47.36MPa、42.55MPa、39.65MPa；与未掺加
粉煤灰的 R100F0 混凝土相比，R100F20、
R100F40 抗压强度减少 10.1%、16.2%。根据
以上结果可知，粉煤灰掺量越大，再生混凝土
的抗压强度越低。出现这一现象的主要原因是，

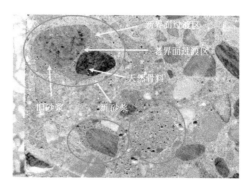

图 2-8 再生粗骨料特征

由于粉煤灰的水化作用较慢，粉煤灰在混凝土中主要发生火山灰反应，这个反应至少需要
90d 以后才能完成，因此在 28d 以后掺加粉煤灰的混凝土试件水化反应还不够完全，导致
混凝土的抗压强度有所减少。

2.4 本 章 小 结

本章在试验原材料以及配合设计基础上，对再生混凝土的力学性能及流动性能进行了
试验研究，分析了不同再生骨料取代率以及粉煤灰掺量对于再生混凝土流动性以及抗压强
度的影响。主要研究成果如下：

（1）混凝土的抗压强度随着再生骨料的增加而减少，且再生骨料取代率越多，再生混
凝土抗压强度减少的速率越快；随着再生骨料的掺加，新拌混凝土的坍落度随之减少。

（2）随着粉煤灰掺量增加，再生混凝土的抗压强度减小，流动性能增大。出现这一现
象的主要原因是由于粉煤灰的水化作用较慢，粉煤灰在混凝土中主要发生火山灰反应，这
个反应至少需要 90d 以后才能完成，因此在 28d 以后掺加粉煤灰的混凝土水化反应还不够
完全，导致掺粉煤灰的再生混凝土的抗压强度有所减少。

第3章 冻融循环作用下再生骨料水工 混凝土耐久性劣化机理研究

再生混凝土在实际工程服役过程中,会受到外界不同因素的影响,例如:冻融循环、硫酸盐侵蚀、碳化、氯离子侵蚀等破坏。由于再生混凝土内部拥有三种界面过渡区,而普通混凝土内部只有一种界面过渡区,骨料与砂浆间的界面过渡区往往构成了混凝土材料的薄弱环节,因此会导致再生混凝土的耐久性与普通混凝土存在一定的差异。再生混凝土力学性能的研究较为广泛,但对于冻融循环作用下的耐久性研究还不够深入,尤其对再生混凝土冻融损伤模型的研究更少涉及。

本章拟针对不同再生骨料取代率、不同粉煤灰掺量下的再生混凝土进行冻融循环作用下的耐久性劣化机理研究,通过检测再生混凝土质量损失率、相对动弹模量及剩余抗压强度等指标来分析再生混凝土耐久性变化规律。在此基础上,应用宏观损伤力学理论,建立混凝土在冻融循环作用下再生混凝土的损伤演化方程,探讨混凝土受冻融循环次数发展的宏观损伤演变规律,为基于冻融循环作用的再生混凝土耐久性及其损伤模型研究提供依据。

3.1 试 验 方 案 设 计

3.1.1 试验方法的分析与选择

国内外现行的再生混凝土冻融循环试验方法很多。目前,运用较多的主要有以下几种:美国 ASTMC672 抗冻试验方法;美国 ASTMC666 抗冻试验方法;英国 BS5075 抗冻试验方法;国标 GB/T 50082—2009《普通混凝土长期性能和耐久性能试验方法标准》中的慢冻法和快冻法;平均气泡间距测定法;临界水饱和度测定法;超声波速度测定法。

分析以上几种国内外试验方法:美国 ASTMC672 的抗冻试验方法适合于测试寒冷地区路面混凝土受盐冻侵蚀的情况;俄罗斯标准的抗冻试验方法,需建立再生混凝土冻融循环次数与相对变形的关系,要靠工程经验得到,因此在试验数据分析上存在一定误差;英国规定试验方法中试件体积较大,冻融循环可能无法对试件中心造成破坏,无法达到预期的试验目的;我国抗冻性的试验方法主要依据 GB/T 50082—2009《普通混凝土长期性能和耐久性能试验方法标准》,主要包括慢冻法和快冻法,慢冻法试验时间过长,试件表面破坏不明显;快冻法以相对动弹模量或质量损失为评定指标。在快冻法中明确规定了混凝土在冻融循环过程中的相关指标的阈值,超过这一阈值以后可以认为混凝土内部结构已经破坏失效。因此,快冻法可以有效快速地判别混凝土试件是否已经达到破坏失效,提高了试验的效率,保证了冻融试验的顺利进行。因此,选取 GB/T 50082—2009《普通混凝土长期性能和耐久性能试验方法标准》快冻法为本节的试验方法。

3.1.2 试验步骤

（1）试件分组。冻融循环试验采用统一的 $100mm\times100mm\times400mm$ 的棱柱试件，每组试件 3 块。抗压强度试验为 $100mm\times100mm\times100mm$ 立方体试件，每组 21 个，用来检测不同冻融循环次数下再生混凝土抗压强度。采用分别按照第 2 章中的 12 种配合比进行试验。粉煤灰掺量为 0 时，有四组配合比混凝土试件：R0F0、R20F0、R50F0、R100F0；粉煤灰掺量为 20% 时，有四组配合比混凝土试件：R0F20、R20F20、R50F20、R100F20；粉煤灰掺量为 40% 时，有四组配合比混凝土试件：R0F40、R20F40、R50F40、R100F40。

（2）按照 GB/T 50082—2009 的相关要求严格制作试件，当试件到达 28d 养护龄期时，到达试件龄期的前 4d，将试件在 $20℃\pm3℃$ 的水中浸泡 4d。浸泡以后，擦去试件表面积水后，用电子秤测量初始质量，并用动弹仪测量初始自振频率。同时做必要的外观描述或拍照。

（3）将养护 28d 的试件放入试件盒内，试件应位于试件盒中心。然后向试件盒中注入清水，在整个试验过程中，水面应浸没试件顶面 20mm。

（4）设置冻融循环试验机各种参数（试件中心温度 $-18\sim5℃$；冻融液温度 $-25\sim20℃$；冻融循环一次历时不超过 4h），即开始试验。

（5）试验过程中，冻融循环一次历时不超过 4h，融化时间不少于整个冻融历时的 25%。

（6）通常每经过 25 次冻融循环对试件检测一次。测试时，将 $100mm\times100mm\times400mm$ 与 $100mm\times100mm\times100mm$ 试件从盒中取出，冲洗干净试件表面的水泥渣，用抹布擦去表面水分，称量质量，测定试件自振频率及抗压强度，进行拍照记录表面情况。测完以后，应将 $100mm\times100mm\times400mm$ 试件调头重新装入试件盒，再向试件盒注入清水，继续试验。

3.1.3 试验评价指标

根据 GB/T 50082—2009《普通混凝土长期性能和耐久性能试验方法标准》相关要求，冻融循环试验评定指标为相对动弹模量和质量损失率。在这两个指标的基础上，本试验增加了剩余抗压强度来反应冻融循环以后再生混凝土的力学性能指标。

3.1.3.1 质量损失率

混凝土试件经过冻融循环后的质量损失率按式（3.1）计算，以 3 个试件试验结果的平均值为测定值。

$$W_n=\frac{G_0-G_n}{G_0}\times100 \tag{3.1}$$

式中　W_n——质量损失率，%；

　　　G_0——试件初始测试质量，kg；

　　　G_n——试件经过 n 次冻融循环后的质量，kg。

3.1.3.2 相对动弹模量值

（1）混凝土的动弹模量值按下式计算。

$$E_d = 9.46 \times 10^{-4} \times \frac{W l^3 f^2}{a_1^4} \times K \tag{3.2}$$

式中　E_d——混凝土动弹性模量，MPa；

　　　a_1——混凝土正方形截面试件边长，mm；

　　　l——混凝土试件长度，mm；

　　　W——混凝土试件质量，kg；

　　　f——混凝土试件横向振动时的基频振动频率，Hz；

　　　K——混凝土试件尺寸修正系数；$l/a_1 = 3$，$K = 1.68$；$l/a_1 = 4$，$K = 1.40$；$l/a_1 = 5$，$K = 1.26$。

（2）相对动弹模量。混凝土的相对动弹模量可以按下式计算，以 3 个试件试验结果的平均值为测定值。

$$E(n) = \frac{f_n^2}{f_0^2} \times 100 \tag{3.3}$$

式中　$E(n)$——经过 n 次冻融循环混凝土试件相对动弹模量，%；

　　　f_0——试件冻融循环前混凝土试件的自振频率，Hz；

　　　f_n——试件冻融循环 n 次后混凝土试件的自振频率，Hz。

3.2　试验结果与讨论

3.2.1　表观损伤

冻融循环后混凝土试件的外观形态变化如图 3-1 所示。混凝土在冻融循环过程中，混凝土表面砂浆在冻融循环的作用下出现剥落现象，随着冻融循环次数的增加，再生混凝土表面砂浆剥落程度有所增加。以 R0F0 混凝土为例［图 3-1 （a）～（f）］，经过 50 次冻融循环以后，混凝土表面基本没有变化，仍然比较光滑平整。冻融循环 100 次以后，砂浆表面的平整度降低，砂浆表面出现蜂窝麻面现象。这个时间段内，混凝土的表面砂浆剥落较轻。经过 150 次冻融循环以后，砂浆表面的剥落情况与 100 次冻融循环后表面损伤相比变化不明显，但是可以看出混凝土在靠近试件盒下部的一端剥落程度有所加重。150 次冻融循环之前混凝土的表面损伤较轻，对混凝土的内部损伤影响较小。经过 200 次冻融循环以后，混凝土表面的粗骨料开始外露，这是由于砂浆的剥落较为明显。250～300 次以后，可以明显地看到骨料外露的现象，表面混凝土的砂浆剥落程度较大，有个别骨料出现掉落的现象。

对于图 3-1 （f）～（i）进行比较，发现经过 300 次冻融循环以后，R100F0 混凝土表面砂浆剥落最为严重，接下来是 R50F0 与 R20F0 混凝土，R0F0 混凝土表面破坏程度最低。可以分析再生骨料取代率对于混凝土的表面抗冻性能产生不利的影响，造成混凝土表面砂浆剥落程度较大。对于图 3-1 （i）～（k）进行比较，发现经过 300 次冻融循环以后，R100F20 混凝土表面砂浆剥落最轻，R100F0 与 R100F40 混凝土表面砂浆剥落均较为严重，两者没有明显的差别。因此可以分析粉煤灰掺量对于混凝土的表观性能产生有利的影响，20%掺量时混凝土的表面抗冻性能最优。

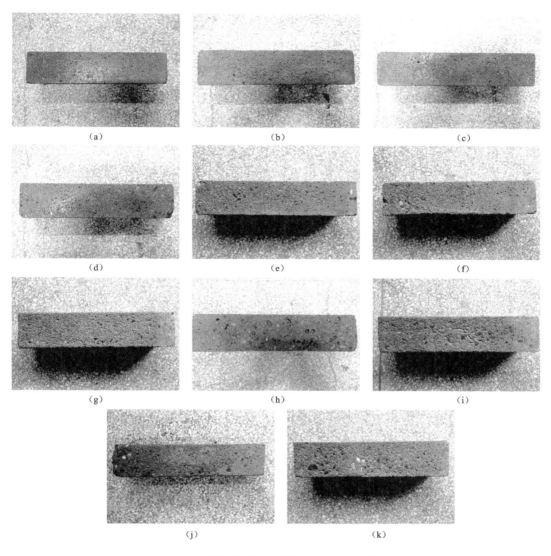

图 3-1　冻融循环以后混凝土试件的外观形态

(a) R0F0（50 次）；(b) R0F0（100 次）；(c) R0F0（150 次）；(d) R0F0（200 次）；

(e) R0F0（250 次）；(f) R0F0（300 次）；(g) R20F0（300 次）；(h) R50F0（300 次）

(i) R100F0（300 次）；(j) R100F20（300 次）；(k) R100F40（300 次）

3.2.2　质量损失率

　　根据冻融循环下再生混凝土的质量变化，对不同再生骨料取代率以及不同粉煤灰掺量对于再生混凝土质量损失率的影响规律分析。粉煤灰掺量为 0、20%、40% 的混凝土经过300 次冻融循环后质量损失率如图 3-2、图 3-3、图 3-4 所示。

　　从图 3-2、图 3-3 以及图 3-4 中可以看出，经历 300 次冻融循环以后，天然骨料混凝土（R0F0）的质量损失率与再生混凝土（R20F0、R50F0、R100F0）的质量损失率存在一定的差异，这些差异随着再生骨料取代率与粉煤灰掺量的不同而有所变化。

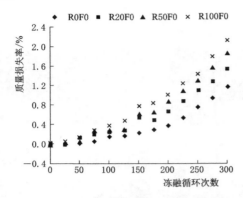

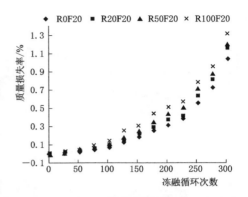

图 3-2　未掺加粉煤灰混凝土质量损失率　　图 3-3　掺加 20％粉煤灰混凝土质量损失率

冻融循环次数小于 50 次时，再生混凝土试件的质量损失率出现负值，即质量出现增加。分析原因是混凝土试件在冻融循环初期，由于再生混凝土的吸水率以及孔隙率较高，初期混凝土吸收的水分增加的质量大于冻融破坏造成的掉渣质量损失，因此会出现较短过程的质量上升期。随着冻融循环次数的增加，各组试件的质量损失率均开始增大。在 50～200 次冻融循环中，混凝土试件的质量损失率缓慢上升。分析原因，主要是混凝土试件在冻融循环中期，表面的砂浆开始逐渐开裂并出现掉渣，因此质量损失率的增长缓慢上升。在 200～300 次冻融循环过程中，质量损失率上升较为明显，基本上呈指数式上升，主要原因为在 200 次冻融循环以后，表面砂浆破坏严重，导致混凝土内的微小裂缝产生较多，促进了冻融破坏的发展，因此质量损失率上升较为明显。

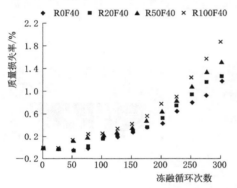

图 3-4　掺加 40％粉煤灰混凝土
质量损失率

3.2.2.1　再生骨料取代率对于质量损失率的影响

从图 3-2 可以看出，经历 150 次冻融循环以后，R0F0、R20F0、R50F0、R100F0 四组试件的质量损失率为 0.12％，0.1％，0.16％，0.19％。可以看出，在前 150 次冻融循环以后，不同再生骨料取代率下再生混凝土质量损失率相差较小。随着冻融循环次数的增加，大掺量再生混凝土试件的质量损失率明显增加。经历 300 次冻融循环以后，R0F0、R20F0、R50F0、R100F0 四组试件的质量损失率为 0.4％、0.47％、0.53％、0.64％。可以看出，经历 300 次冻融循环以后，混凝土的质量损失率随着再生骨料取代率的增加而增大，再生骨料取代率为 100％的混凝土试件质量损失率最大。根据图 3-3 和图 3-4 中也得出了相同的结论，验证了混凝土在冻融循环过程中质量损失率随着再生骨料取代率的增加而增大。

通过相关文献可知，混凝土在冻融破坏时，表面砂浆的剥落与混凝土局部的 pop-out 效应有关。pop-out 效应主要是由于靠近混凝土试件表面的饱和骨料膨胀而导致混凝土表面及其周围的砂浆出现开裂剥落现象。当饱和骨料中的水结成冰以后,产生的较大的冻胀压力会导致骨料的破坏或周围水泥浆的剥落破坏。这种 pop - out 效应对于吸水率较大的骨料会产生更大的作用。因此,在这种情况下,再生粗骨料的加入会导致在靠近表面以及局部区域的骨料内含水量较多,造成这一部分的砂浆强度较低。再生混凝土表面的砂浆强度小于天然骨料混凝土周围的砂浆,且含水量较高,因此就会产生更大的 pop - out 效应。掺加 100% 再生骨料的再生混凝土产生了最大的质量损失率。

3.2.2.2 粉煤灰掺量对于质量损失率的影响

粉煤灰掺量对于混凝土质量损失率的影响如图 3 - 5 所示。以再生骨料取代率为 100% 为例,通过分析图 3 - 5 (d) 可以发现,经历了 300 次冻融循环以后,R100F0、R100F20、R100F40 三组试件的质量损失率为 0.64%、0.28%、0.49%。可以看出,加入粉煤灰以后,再生混凝土的质量损失率有所改善,均有所减少。比较可得,掺入 20% 的粉煤灰时,再生混凝土经过冻融循环以后质量损失率最小。分析原因可知,再生混凝土配合比中加入适量的粉煤灰,由于粉煤灰颗粒较细,可以有效改善混凝土中的孔隙结构,使得再生混凝土中的气泡较细且均匀,因此会提高再生混凝土的抗冻融循环性能。但是由第 2 章可知,随着粉煤灰掺量的增加,再生混凝土的强度会有所较少,从而会导致再生混凝土抗冻性较低。本试验中,20% 的粉煤灰掺量对于再生混凝土抗冻性最优。

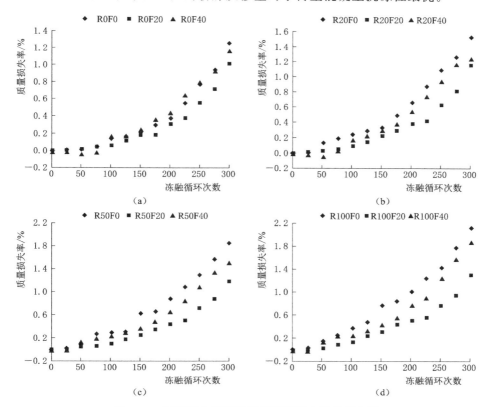

图 3 - 5　不同再生骨料取代率下混凝土质量损失率

(a) 再生骨料取代率为 0;(b) 再生骨料取代率为 20%;

(c) 再生骨料取代率为 50%;(d) 再生骨料取代率为 100%

3.2.3　相对动弹模量

根据各组棱柱体再生混凝土试件经历 300 次冻融循环以后的相对动弹模量数据，可以得到再生混凝土相对动弹模量与再生骨料取代率以及粉煤灰掺量演化关系。图 3-6 中具体反映了不同再生骨料取代率以及不同粉煤灰掺量下，再生混凝土的相对动弹模量的演化规律。由图 3-6 可以看出，随着冻融循环次数的逐渐增大，不同掺量下再生混凝土相对动弹模量均有所变化，均出现逐渐减小的趋势。从图中可以看出，与天然骨料混凝土相比，随着再生骨料取代率与粉煤灰掺量的改变，对再生混凝土的相对动弹模量会产生一定的影响，具体包括以下几个方面。

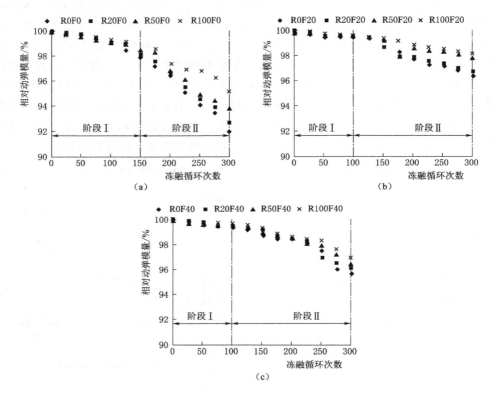

图 3-6　经过 300 次冻融循环以后混凝土相对动弹模量

（a）粉煤灰掺量为 0；（b）粉煤灰掺量为 20％；（c）粉煤灰掺量为 40％

3.2.3.1　再生骨料水工混凝土相对动弹模量变化规律

从图 3-6（a）可以看出，混凝土经历 300 次冻融循环主要分为两个阶段：

第一阶段：缓慢下降期（0～150 次）：在这个阶段内，混凝土的相对动弹模量下降较为缓慢。主要是因为在前 150 次冻融循环过程中，再生混凝土的破坏主要呈现为表面的砂浆剥落，对于内部的裂缝产生较少，相对动弹模量下降较为缓慢。

第二阶段：加速下降期（150～300 次），这一阶段内混凝土的相对动弹模量基本呈直线下降，下降速度较为快，表现为混凝土相对动弹模量下降加速期。这一阶段内，由于表面砂浆剥落较为严重，因此会对于混凝土内部结构产生一定的损伤。随着冻融循环次数的增加，混凝土内部产生大量的微小裂缝从而导致结构内部松散，这会造成混凝土的相对动弹模量下降较为明显。

3.2.3.2 再生骨料取代率对于相对动弹模量的影响

从图 3 - 6（a）可以看出，经历 150 次冻融循环以后，R0F0、R20F0、R50F0、R100F0 四组试件的相对动弹模量为 98％、98.1％、98.6％、98.2％。可以看出，在前150 次冻融循环以后，不同再生骨料取代率下再生混凝土相对动弹模量相差较小。随着冻融循环次数的增加，大掺量再生混凝土试件的相对动弹模量明显增加。经历 300 次冻融循环以后，R0F0、R20F0、R50F0、R100F0 四组试件的相对动弹模量为 92％、92.7％、93.9％、95.2％。根据以上数据分析可知，经历 300 次冻融循环以后混凝土的相对动弹模量随着再生骨料取代率的增大而增加，再生骨料取代率为 100％的混凝土试件表现出最大的相对动弹模量，故可以得出混凝土的抗冻性能随着再生骨料取代率的增大而增大。图3 - 6（b）、（c）中粉煤灰掺量为 20％和 40％的混凝土试件也得出了相同的结论。

通过相关文献可知，一些学者通过试验得出：再生混凝土的抗冻性能随着再生骨料的增大而减少，与本试验的得出的结论有所差异。分析原因可知，这些学者仅仅以混凝土质量损失率来判断混凝土的抗冻性能。在冻融循环过程中，再生混凝土的质量损失率随着再生骨料的增多而增大，因此得出掺加再生粗骨料以后混凝土的抗冻性小于天然骨料混凝土。Yildirim 等认为再生混凝土黏结的砂浆内部孔隙率较大，对于未掺加引气剂的混凝土来说，再生粗骨料引入的气泡分布不均匀，在冻融循环的过程中会造成严重的冻胀破坏。Medina 等经过试验研究，经过 300 次冻融循环以后，100％再生骨料取代率下质量损失率为 3.79％，而掺加天然骨料的混凝土质量损失率仅为 1.28％。

然而一些学者的研究成果可以验证本书的结论。分析原因可知：对于得出不同的结论，主要原因在于再生粗骨料本身性质的不同。本试验中，再生粗骨料采用实验室预制母体混凝土，实验室破碎筛分而来。本试验所用再生粗骨料母体混凝土为掺引气剂混凝土，因此破碎而来的再生粗骨料表面砂浆存在较多的微小孔隙。再生骨料对于混凝土的抗冻性有两个方面的影响因素：一方面，再生骨料掺入到混凝土中，对于混凝土的强度会产生较大的影响，从而导致混凝土表面砂浆强度降低，对于混凝土抗冻性不利；另一方面，由于再生骨料表面黏结的砂浆带有较多微小的孔隙，导致再生混凝土的孔隙率大于天然骨料混凝土，内部较多的孔隙可以有效地释放混凝土在冻融循环过程中产生的冻胀压力，对于混凝土抗冻性产生有利的影响。本试验中，由于再生骨料母体混凝土为掺加引气剂混凝土，因此再生骨料所带来的有害作用小于有利作用，随着再生骨料的增多，剩余相对动弹模量增大。Debieb 等通过试验研究表明，掺加 100％再生骨料的混凝土具有良好的抗冻性，这一结论可以对本文试验结果进行验证。

根据第 2 章 2.3 节分析可以发现，再生混凝土的质量损失率随着再生骨料取代率的增加而增大。然而，本节得出再生混凝土的相对动弹模量损失率随着再生骨料取代率的增大而减少。分析原因，主要是因为在冻融循环过程中质量损失率发生变化主要是因为表面损伤，与表面砂浆剥落有关。而混凝土相对动弹模量的变化是内部损伤，主要与混凝土内部开裂以及内部损伤有关。前者反映了冻融破坏的表面现象，后者表现了冻融破坏的内部损伤，所以随着再生骨料取代率的增加会出现不同的结论。

3.2.3.3　粉煤灰掺量对于相对动弹模量的影响

经过 300 次冻融循环，不同粉煤灰掺量下混凝土相对动弹模量变化如图 3-7 所示。通过比较图 3-7 中可以发现：经过 300 次冻融循环以后，当再生骨料取代率一定的情况下，掺加粉煤灰的混凝土试件比未掺加粉煤灰混凝土试件的相对动弹模量较大。以再生骨料取代率为 100% 为例 [图 3-7（d）]，经历了 300 次冻融循环以后，R100F0、R100F20、R100F40 三组试件的相对动弹模量为 95.2%、98.2%、97%。可以看出，加入粉煤灰以后，再生骨料的相对动弹模量有所改善，损失量均有所减少。而且可以发现，加入 20% 的粉煤灰时，再生混凝土经过冻融循环以后相对动弹模量最大。根据文献分析原因可知，再生混凝土配合比中加入适量的粉煤灰，由于粉煤灰颗粒较细，可以有效改善混凝土中的孔隙结构，使得混凝土中的气泡较细且均匀，因此会提高再生混凝土的抗冻性能。但是根据第 2 章可知，随着粉煤灰掺量的增加，再生混凝土的强度会有所较少，从而会导致再生混凝土抗冻性较低。本试验中，20% 的粉煤灰掺量对于再生混凝土抗冻性最优。

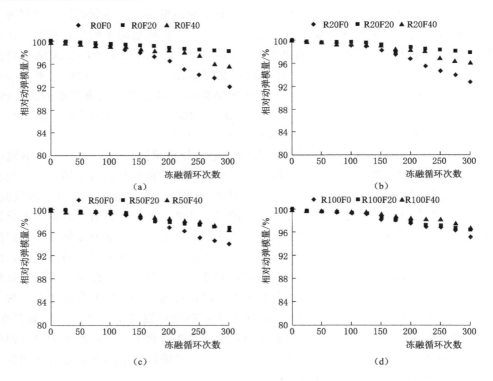

图 3-7　不同粉煤灰掺量下混凝土相对动弹模量

（a）再生骨料取代率为 0；（b）再生骨料取代率为 20%；

（c）再生骨料取代率为 50%；（d）再生骨料取代率为 100%

3.2.4　剩余抗压强度

根据各组混凝土立方体试件经历 300 次冻融循环以后的剩余抗压强度数据，可以得到再生混凝土剩余抗压强度与再生混凝土取代率以及粉煤灰掺量的关系。养护 28d 后混凝土基本性能见表 3-1。经过不同冻融循环次数下混凝土抗压强度见表 3-2。图 3-8 中具体反映了经历 300 次冻融循环以后，不同再生骨料取代率以及不同粉煤灰掺量下，再生混凝土的剩余抗压强度的变化规律。

表 3-1　　　　　　　　　　各组配合比混凝土基本性能

配合比	再生骨料/%	粉煤灰/%	密度/(kg/m³)	孔隙率/%	28d 抗压强度/MPa
R0F0	0	0	2426	3.95	55.15
R20F0	20	0	2405	4.10	54.67
R50F0	50	0	2386	4.36	53.62
R100F0	100	0	2352	4.85	47.36
R0F20	0	20	2456	3.80	50.32
R20F20	20	20	2431	4.02	49.82
R50F20	50	20	2422	4.24	48.31
R100F20	100	20	2397	4.59	42.55
R0F40	0	40	2442	3.74	47.98
R20F40	20	40	2422	3.91	45.3
R50F40	50	40	2419	4.10	43.76
R100F40	100	40	2399	4.50	39.65

表 3-2　　　　　　　　　不同冻融循环次数下混凝土抗压强度

配合比	抗压强度/MPa			
	50 次	100 次	200 次	300 次
R0F0	54.72	53.85	50.88	44.59
R20F0	53.55	52.18	49.26	45.12
R50F0	50.61	49.03	46.72	41.56
R100F0	47.15	45.55	41.62	35.62
R0F20	49.38	47.32	45.26	42.53
R20F20	48.59	47.01	44.98	42.35
R50F20	47.25	46.1	43.78	41.90
R100F20	41.98	39.41	37.3	35.20
R0F40	47.03	46.23	43.23	38.55
R20F40	45.53	44.26	41.38	37.26
R50F40	42.88	41.36	38.91	35.12
R100F40	37.96	35.23	32.24	31.05

3.2.4.1　再生骨料取代率对剩余抗压强度的影响

从图 3-8 中可以看出，随着再生骨料取代率的增加，剩余抗压强度出现了先增大后减小的趋势。以未掺加粉煤灰混凝土为例，经历了 300 次冻融循环以后，R0F0、R20F0、R50F0、R100F0 四组试件的剩余抗压强度为 84.2%、85.1%、88.4%、80.2%。可以看

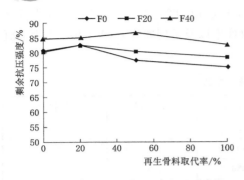

图 3-8　300 次冻融循环以后混凝土剩余抗压强度

出，在 50% 再生骨料取代率的时候，再生混凝土剩余抗压强度达到最大值。然而随着再生骨料取代率的增大，再生骨料取代率为 100% 时再生混凝土剩余抗压强度最小。根据文献可知，如果再生骨料取代率较大时，在混凝土砂浆表面造成轻微的损伤就会导致整个混凝土的抗压强度降低；另一种可能性是再生混凝土在受到冻融循环的作用时，再生骨料受到的冻融损伤大于砂浆所受到的损伤，因此会导致混凝土在表面未出现裂缝的情况下力学性能有所降低。对于粉煤灰掺量为 0 与 40% 的混凝土试件组中，也可以得出相同的结论：50% 的再生骨料取代率对于再生混凝土抗冻性最优。由此可以看出，适量地掺加再生骨料可以有效地减少冻融循环中混凝土力学性能的损伤。

3.2.4.2　粉煤灰掺量对剩余抗压强度的影响

通过比较图 3-8 中可以发现，以再生骨料取代率为 100% 为例，经历了 300 次冻融循环以后，R100F0、R100F20、R100F50 三组试件的剩余抗压强度为 52.1%、80.2%、75.9%。可以看出，20% 粉煤灰掺量时再生混凝土剩余抗压强度达到最大值。然而随着粉煤灰掺量的增加，40% 粉煤灰掺量时再生混凝土剩余抗压强度有所减少，但是仍然大于未掺加粉煤灰混凝土剩余抗压强度。而且对于再生骨料取代率为 20% 和 50% 的混凝土试件中，也可以得出相同的结论：20% 的粉煤灰掺量对于再生混凝土抗冻性最优。由此可以看出，适量地掺加粉煤灰可以有效地减少冻融循环中再生混凝土力学性能的损伤。

3.3　冻融循环作用下再生骨料水工混凝土耐久性劣化机理

根据相关的学者的研究结果可知，混凝土的孔隙结构对于其结构整体的抗冻性而言至关重要。一些学者通过大量的途径来改善混凝土的孔隙结构，从而来提高混凝土的抗冻性。其中最主要的方式是加入高效引气剂，一些学者研究表明：孔隙率的范围处于 4%～7% 内对于混凝土的抗冻性最优，在这其中一般有 2% 左右孔隙率为混凝土所固有量，剩余约 2%～5% 的孔隙率为外界因素引入气泡。吴中伟院士以及一些学者认为混凝土内部的孔隙根据对混凝土抗冻性能的影响大小可以分类为：无害孔、少害孔、有害孔和多害孔，其中对混凝土冻融破坏影响较大的孔为大于 $100\mu m$。

一般情况下，再生混凝土硬化以后主要是由水、空气、矿物掺合料、水泥水化生成物、未水化的水泥、粗细骨料等共同组成的气—液—固三相平衡体系。当混凝土在冻融循环过程中处于零下温度时，混凝土孔隙内部的水就会从液态转化为固态，气—液—固三相平衡体系遭到破坏。如果孔隙是独立非连通的，这种平衡破坏仅仅发生在单独的孔隙内部，对混凝土内部结构的影响较小。如果孔隙是连通的，这种平衡破坏就会涉及整个混凝土内部孔隙结构，对混凝土内部结构的影响较大。对于混凝土孔隙的分类，一般分为以下几种：①胶凝孔，孔径 $d<10nm$；②中毛细孔，孔径 $10nm\leqslant d<50nm$；③大毛细孔，孔径 $50nm\leqslant d<1000nm$；④裂缝，孔径 $d\geqslant1000nm$。一般情况下，孔径 $d<10nm$ 的孔隙不会受到冻融循环的作用，因为孔隙内部的水量较少，凝胶孔基本不受冻融循环损伤；孔径在 $10nm<d<50nm$ 范围之内的中毛细孔，这一范围内的孔隙可以有效地释放孔隙中的冻融压力与渗透压力，从而对于混凝土抗冻性有利；而 $50nm$ 以上的大毛细孔以及裂缝则对混凝土的抗冻性影响较大，大孔中的水结冰是混凝土受冻破坏的最主要原因。图 3-9 中反映了孔隙尺寸与冻融耐久性的关系。

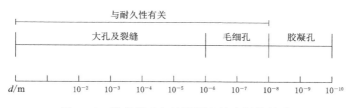

图 3-9　孔径尺寸与冻融耐久性之间的关系

再生混凝土的孔隙特征主要由孔隙率、孔径分布、孔径大小以及孔隙间距来决定。在一般情况下，混凝土内部孔隙中水分的凝固点与孔隙结构特征有着密切的关系，孔隙的孔径越小，混凝土内部水分的凝固点越低；凝固点越低，孔隙内部的水分结冰率就越低，因此会减小由于冻胀压力对于内部孔隙结构造成的破坏，从而可以提高混凝土的抗冻性。当混凝土内部的孔隙的孔径越小，孔隙率越低、闭合孔隙所占的比例越大以及孔隙间距越小，混凝土的抗冻性能均越大。

根据国内外研究现状可知，再生骨料的掺加可以提高混凝土的孔隙率。但是由于本次试验所用再生粗骨料的母体混凝土是掺加引气剂混凝土，因此在再生骨料周围黏结的砂浆上会增加毛细孔的含量。这一过程相当于增加了冻融循环有利孔的数量，导致掺加 100% 再生粗骨料的混凝土抗冻性能最优。

对于掺加粉煤灰而言，粉煤灰中含有大量的活性 SiO_2 与 Al_2O_3，这些活性成分可以与水泥中的氢氧化钙反应生成胶凝材料，从而填充了再生混凝土内部结构。一方面，这一过程会导致毛细孔的孔径有所减少，会使得毛细孔中的自由水含量有所减少，最终导致混凝土遭受冻融循环破坏较少；另一方面，由于粉煤灰发生水化反应的时间较长导致水化过程较慢，在短时间内再生混凝土的强度会有所下降，将会影响混凝土的抗冻耐久性能。因此，大掺量（40%）粉煤灰对于再生混凝土抗冻性影响较小。

3.4　冻融循环作用下再生骨料水工 混凝土的损伤模型

混凝土材料的损伤演化是指其在服役的过程中，由于外界环境及应力作用下混凝土内部大量的微小裂缝以及孔洞的产生、扩展以及贯穿，最终导致混凝土宏观力学性能的劣化过程。在对于混凝土损伤本构关系、加载情况以及损伤演化方程掌握的情况下，就可以得到混凝土宏观破坏以及应力、应变发展的整个过程。目前，比较成熟的损伤模型有综合考虑损伤与断裂力学的混凝土损伤模型与塑性耦合断裂模型，主要包括 Loland 损伤模型、Mazars 损伤模型、Sidoroff 损伤模型。

再生混凝土在冻融循环过程中，由于再生骨料在破碎成型的时候受到外界应力导致内部出现微小裂纹，这些裂缝在冻融循环的作用下逐渐扩展贯通造成混凝土内部结构松散失效，这一过程就是冻融循环作用对再生混凝土造成的损伤。本章中通过相对动弹模量来间接地表示混凝土的内部密实度，通过不同冻融次数后的相对动弹模量变化建立对应的冻融循环宏观损伤演化模型，分析再生混凝土冻融宏观损伤演变规律。

根据再生混凝土冻融循环作用下相对动弹模量的变化规律，对于损伤演化方程假设如下：

（1）在混凝土经历冻融循环作用之前，认为混凝土没有损伤，因此初始的损伤值为 0。

（2）再生混凝土在冻融循环作用下的损伤是较多因素引起的，不仅包括冻融环境的因素，也包括混凝土自身因素，本章中冻融损伤只考虑冻融循环作用的次数以及再生混凝土材料参数，暂不考虑混凝土孔隙率、冻融温度范围等因素的影响。

（3）再生混凝土冻融循环损伤值随着冻融循环次数的增加而增大，且损伤值都为正值。

3.4.1 再生骨料水工混凝土的冻融循环损伤演化方程

根据本章中 3.2.3 小节中数据，以再生混凝土试件 R50F40 为例，其相对动弹模量随着冻融循环次数变化过程关系见下式：

$$E(n) = an^2 + bn + 100 \tag{3.4}$$

式中　$E(n)$——再生混凝土的相对动弹模量值，%；

　　　　n——再生混凝土经历的冻融次数。

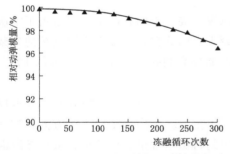

图 3-10　R50F40 再生混凝土试件的相对动弹模量随冻融循环次数的变化关系

再生混凝土 R50F40 试件的相对动弹模量与冻融循环次数的变化拟合关系如图 3-10 所示。可以看出拟合曲线与实际曲线的拟合度较好，公式的相关系数 0.98，拟合关系见式（3.5）。

$$E(n) = -3.554 \times 10^{-5} n^2 - 7.23426 \times 10^{-4} n + 100 \tag{3.5}$$

根据材料宏观唯象损伤力学的相关原理，再生混凝土经过 n 次冻融循环后损伤变量 $D(n)$ 可以根据下式进行计算：

$$D(n) = 1 - E(n) \tag{3.6}$$

式中　$D(n)$——再生混凝土经过不同冻融循环次数后的损伤值。

根据试验结果，以粉煤灰掺量为 40% 的混凝土为例，通过式（3.6）计算混凝土经过不同冻融循环次数以后的损伤值，见表 3-3。

表 3-3　　　　　　　　不同冻融循环次数后混凝土的试验损伤值

冻融循环次数	R100F40	R50F40	R20F40	R0F40
0	0	0	0	0
25	0.001	0.002	0.001	0.002
50	0.002	0.003	0.002	0.004

冻融循环次数	R100F40	R50F40	R20F40	R0F40
75	0.0025	0.0035	0.005	0.005
100	0.003	0.004	0.005	0.006
125	0.004	0.006	0.007	0.008
150	0.007	0.009	0.008	0.0125
175	0.011	0.012	0.013	0.015
200	0.013	0.014	0.015	0.0158
225	0.015	0.018	0.017	0.018
250	0.016	0.02	0.03	0.0246
275	0.023	0.027	0.035	0.039
300	0.03	0.035	0.038	0.0428

根据表 3-3 中的试验数据进行拟合，发现混凝土损伤值随着冻融循环次数的增加基本呈二次多项式曲线变化，因此得到再生混凝土试件 R40F50 随着冻融循环次数的损伤演化方程：

$$D(n) = an^2 + bn + c \tag{3.7}$$

式中 a、b、c——再生混凝土自身材料参数。

通过拟合计算可以得到 $a = 3.3554 \times 10^{-7}$，$b = 7.23426 \times 10^{-6}$，$c = 0$。

为了进一步考虑配合比中的再生骨料取代率、粉煤灰掺量对于再生混凝土冻融损伤的影响，式（3.7）可以转化为以下形式：

$$D(n) = k(an^2 + bn) \tag{3.8}$$

式中 k——再生混凝土材料修正系数。

可以设 $k = k_r k_f$，其中 k_r，k_f 分别为不同再生骨料取代率 r、不同粉煤灰掺量 f 等单因素下再生混凝土试件的冻融损伤修正系数，则再生混凝土冻融作用损伤演化方程形式可以转化为

$$D(n) = k_r k_f(an^2 + bn) \tag{3.9}$$

3.4.2 考虑再生骨料取代率及粉煤灰掺量修正系数的确定

（1）再生骨料取代率修正系数 k_r 的确定。本试验中考虑再生骨料取代率 $r = 0$、20%、50%、100%，不同冻融循环作用次数的损伤值在各个取代率下分别以 50%取代率的混凝土为标准进行归一化处理，此时只考虑再生混凝土中粉煤灰掺量为 40%。经回归计算得不同再生骨料时修正系数 k_r 与再生骨料取代率的关系为

$$k_r = 0.2r^2 - 0.61r + 1.25 \tag{3.10}$$

（2）粉煤灰掺量修正系数 k_f 的确定。本试验中考虑粉煤灰掺量 $f = 0$、20%、40%时，不同冻融循环作用次数的损伤值在各个粉煤灰掺量下分别以 40%掺量下的混凝土为标准进行归一化处理，此时只考虑再生混凝土中再生骨料取代率为 50%。经回归计算得不同粉煤灰掺量时修正系数 k_f 与粉煤灰掺量的关系为

$$k_f = 18.071f^2 - 10.952f + 2.4 \tag{3.11}$$

根据以上分析，可以得到综合考虑再生混凝土材料影响的冻融损伤演化方程：

$$D(n) = (0.2r^2 - 0.61r + 1.25) \times (18.071f^2 - 10.952f + 2.4) \times$$
$$(-3.554 \times 10^{-7}n^2 - 7.23426 \times 10^{-6}n) \qquad (3.12)$$

式中　r——再生骨料取代率；

　　　f——粉煤灰掺量。

3.4.3　冻融损伤演化方程的验证

表 3 - 4 为不同冻融循环次数下粉煤灰掺量为 40％的混凝土损伤值的计算结果。由表 3 - 3 和表 3 - 4 对比可知，试验损伤值与模型计算损伤值标准差为 0.002，因此可以得出本次拟合的冻融损伤演化方程计算结果与试验结果符合较好。

表 3 - 4　　　　　　　　不同冻融循环次数后混凝土的计算损伤值

冻融循环次数	R100F40	R50F40	R20F40	R0F40
0	0.0000	0.0000	0.0000	0.0000
25	0.0003	0.0004	0.0004	0.0005
50	0.0010	0.0012	0.0014	0.0015
75	0.0020	0.0024	0.0028	0.0030
100	0.0034	0.0041	0.0047	0.0051
125	0.0052	0.0061	0.0071	0.0077
150	0.0073	0.0086	0.0099	0.0108
175	0.0097	0.0115	0.0133	0.0144
200	0.0125	0.0149	0.0171	0.0186
225	0.0156	0.0186	0.0214	0.0233
250	0.0191	0.0228	0.0262	0.0285
275	0.0230	0.0274	0.0315	0.0342
300	0.0272	0.0324	0.0372	0.0405

该模型应用方便，结果直观可靠，与试验测试值误差较小。然而在再生混凝土损伤评价过程中，该模型仍然需要注意以下两点：

（1）该模型只适合于单一冻融循环作用或者冻融循环占主要因素时的再生混凝土结构损伤预测。然而实际工程中再生混凝土服役环境可能同时存在冻融循环、硫酸盐侵蚀、碳化作用、氯盐侵蚀、电化学腐蚀等组合作用，从而导致再生混凝土结构的耐久性破坏。然而本模型目前还不能应用到再生混凝土复合影响及耦合机理方面的研究。

（2）该模型没有考虑冻融试验过程中的温度变化、温变速率、冻融时间、混凝土饱和度等参数不同而引起的误差。

3.5　本　章　小　结

本章对再生混凝土进行了冻融循环试验，揭示了再生混凝土在冻融循环作用下的损伤劣化机理，建立了再生混凝土在冻融循环作用下的损伤模型。主要研究成果如下：

（1）随着再生骨料取代率的增加，经过冻融循环后再生混凝土的质量损失率随之增加，其相对动弹模量也随着增加，表明再生骨料的掺加对于质量损失率产生不利影响，对于相对动弹模量产生有利影响。原因是前者是一个表观损伤指标，孔隙率较大的骨料更容易产生 pop‐out 效应；后者是一个内部结构损伤指标，再生骨料可以有效地释放孔隙中的冻胀压力。

（2）粉煤灰掺量的增加可以有效地减少再生混凝土质量损失率，提高再生混凝土的相对动弹模量，但是随着粉煤灰掺量增加到 40％时这种促进作用有所减弱。本试验得出在粉煤灰掺量为 20％时，再生混凝土的质量损失率最小，相对动弹模量最大。

（3）再生混凝土经历 300 次冻融循环过程中，相对动弹模量变化主要分为两个阶段：缓慢下降期（0～150 次）；加速下降期（150～300 次）。第一个阶段再生混凝土内部损伤速度较慢，第二个阶段内部损伤剧烈。

（4）随着冻融循环次数的增加，各组混凝土试件剩余抗压强度逐渐减小。随着再生骨料取代率的增加，剩余抗压强度出现了先增大后减小的趋势，在 50％再生骨料取代率时剩余抗压强度最大。粉煤灰掺量为 20％时，再生混凝土的剩余抗压强度最大。

第4章 冻融循环与硫酸盐侵蚀双重作用下再生骨料水工混凝土耐久性劣化机理研究

再生混凝土在实际工程服役过程中，会受到外界不同因素的影响，例如：冻融循环、硫酸盐侵蚀、碳化、氯离子侵蚀等破坏。再生混凝土在复合侵蚀作用下耐久性的劣化不是简单的叠加过程，而是一个相互促进的过程。世界范围内硫酸盐地区分布较为广泛，一些沿海地区以及盐湖地区水中含有大量的硫酸盐。在这些寒冷地区的硫酸盐环境中，服役的再生混凝土就会受到冻融循环与硫酸盐侵蚀双重作用的影响。再生混凝土在单因素作用下耐久性研究较为广泛，但对于冻融循环与硫酸盐侵蚀双重作用下的耐久性研究较少。

本章拟对不同再生骨料取代率、不同粉煤灰掺量下再生混凝土进行冻融循环与硫酸盐侵蚀双重作用下耐久性劣化机理研究，通过检测再生混凝土质量损失率、相对动弹模量、剩余抗压强度、硫酸盐传输性能等指标从宏观角度来分析再生混凝土耐久性变化。通过对比分析不同再生骨料取代率与粉煤灰掺量混凝土在复合侵蚀作用下耐久性能变化，探索再生混凝土耐久性能时变规律的本质原因，并对再生骨料以及粉煤灰对耐久性的影响机理进行阐释。从宏观损伤力学理论出发，建立再生混凝土在冻融循环和硫酸盐侵蚀双重作用下的损伤演化方程，探讨混凝土随着复合侵蚀作用次数发展的宏观损伤演变规律，为复合侵蚀下再生混凝土耐久性研究及损伤模型建立提供参考和依据。

4.1 试 验 方 案 设 计

4.1.1 试验方法的分析与选择

研究再生混凝土硫酸盐侵蚀的方法主要有两种，一种是现场试验方法；另一种是实验室方法。主要包括：GB/T 50082—2009《普通混凝土长期性能和耐久性能试验方法标准》中规定的硫酸盐干湿循环试验法；美国 ASTMC152-06 标准；美国 ASTMC1012-04 标准等。

以上的 ASTMC152-06 标准和 ASTMC1012-04 标准主要以试件的膨胀值来判定其抗硫酸盐侵蚀性能，因水泥的组成和性能带来明显的影响。例如，有的水泥在早期膨胀量小，而后期膨胀量大，造成一定的试验误差。另外，在硫酸盐侵蚀中采用测长法常常具有某些困难，不利于试验操作。本试验中要考虑冻融循环与硫酸盐侵蚀双重作用，故采用全浸泡试验法，将混凝土浸泡在硫酸钠溶液中。因此，本章试验方法以 GB/T 50082—2009《普通混凝土长期性能和耐久性能试验方法标准》中冻融循环试验为基础，改变试件盒中的水为 5％硫酸钠溶液，既可以保证混凝土受到冻融循环的破坏，又能受到硫酸盐侵蚀的影响。

4.1.2 试验步骤

（1）试件分组。试验均采用统一的 100mm×100mm×400mm 的棱柱试件，每组试件 6 块。3 块试件用来测试质量损失率与相对动弹模量，另外 3 块用来测试硫酸盐传输性能。抗压强度 100mm×100mm×100mm 立方体试件，每组 21 个，用来检测不同冻融循环次数下再生混凝土抗压强度。分别按照第 2 章中的 12 种配合比进行试验。粉煤灰掺量为 0 时，有四组配合比混凝土试件：R0F0、R20F0、R50F0、R100F0；粉煤灰掺量为 20% 时，有四组配合比混凝土试件：R0F20、R20F20、R50F20、R100F20；粉煤灰掺量为 40% 时，有四组配合比混凝土试件：R0F40、R20F40、R50F40、R100F40。

（2）按照 GB/T 50082—2009《普通混凝土长期性能和耐久性能试验方法标准》的相关要求严格制作混凝土试件，到达试件龄期的前 4d 将混凝土试件取出，浸泡在 20℃±3℃ 的 5% 硫酸钠溶液中放置 4d。浸泡以后，擦去试件表面硫酸钠溶液后，用电子秤测量初始质量，并用动弹仪测量初始自振频率。同时做必要的外观描述或拍照。

（3）将养护 28d 的试件放入试件盒内，试件应位于试件盒中心。然后向试件盒中注入质量分数为 5% 的硫酸钠溶液，在整个试验过程中，硫酸钠溶液液面应浸没试件顶面 20mm。

（4）设置冻融循环试验机各种参数（试件中心温度 −18～5℃；冻融液温度 −25～20℃；冻融循环一次历时不超过 4h），即开始试验。

（5）试验过程中，冻融循环一次历时不超过 4h，融化时间不少于整个冻融历时的 25%。

（6）通常每经过 25 次循环后对试件检测一次。测试时，将 100mm×100mm×400mm 与 100mm×100mm×100mm 试件从盒中取出，冲洗干净试件表面的水泥渣，用抹布擦去表面水分，检测混凝土的质量变化，相对动弹模量，抗压强度以及硫酸盐传输性能。进行拍照记录表面情况。测完以后，应将 100mm×100mm×400mm 试件调头重新装入试件盒，再试件盒注入 5% 硫酸钠溶液，继续试验。

4.1.3 试验评价指标

根据 GB/T 50082—2009《普通混凝土长期性能和耐久性能试验方法标准》相关要求，冻融循环试验评定指标为相对动弹模量和质量损失率。硫酸盐侵蚀试验的评价指标是质量损失率和强度耐蚀系数。但是考虑到冻融循环与硫酸盐侵蚀双重作用试验数据与冻融循环试验数据的对比分析，综合考虑本试验评价指标为混凝土相对动弹模量、质量损失率、剩余抗压强度、硫酸盐入侵浓度。

4.2 试 验 结 果 与 讨 论

4.2.1 表观损伤

混凝土在冻融循环与硫酸盐侵蚀双重作用下外观发生明显变化，如图 4-1 所示。混凝土在冻融循环与硫酸盐侵蚀双重作用下的外观变化大致分为以下三个阶段：阶段一（0～150 次），混凝土表面砂浆掉落不明显，表面破坏较轻 [图 4-1（a）～（c）]；阶段二（150～200 次），随着试验的进行，混凝土表面颜色稍微变黄，伴随着表面砂浆的流失

出现许多小坑 [图 4-1 (c)~(d)]；阶段三（200~300 次），表面损伤范围逐渐变大，表面粗骨料及细骨料外露，表面损伤较为严重 [图 4-1 (d)~(f)]。从混凝土试件外观来看，经过冻融循环与硫酸盐侵蚀双重作用后试件表面剥落程度明显重于冻融循环试验的试件表面剥落程度，这主要是由于硫酸盐的物理侵蚀作用，导致后期混凝土表面砂浆强度损失。水胶比小的混凝土冻融循环后表面剥落情况明显好于水胶比大的混凝土。根据图 4-1 (f)~(i)，可以明显地看出随着再生骨料取代率的增加，混凝土经过冻融循环与硫酸盐侵蚀双重作用后表面破坏更加严重。根据图 4-1 (i)~(k)，可以分析混凝土中掺加

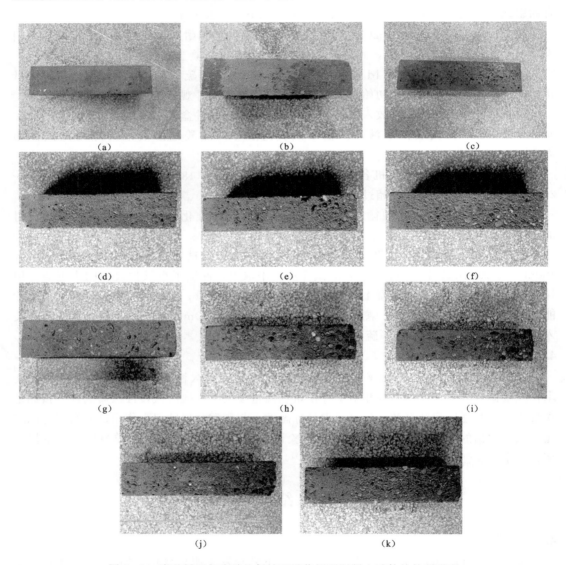

图 4-1　冻融循环与硫酸盐侵蚀双重作用下混凝土试件的外观形态
(a) R0F0（50 次）；(b) R0F0（100 次）；(c) R0F0（150 次）；(d) R0F0（200 次）；
(e) R0F0（250 次）；(f) R0F0（300 次）；(g) R20F0（300 次）；(h) R50F0（300 次）；
(i) R100F0（300 次）；(j) R100F20（300 次）；(k) R100F40（300 次）

粉煤灰以后，表面破坏程度有所降低。

4.2.2 质量损失率

根据冻融循环与硫酸盐侵蚀双重作用下混凝土的质量变化数据，粉煤灰掺量为0、20%、40%的混凝土经过300次冻融循环后质量损失率如图4-2、图4-3、图4-4所示。

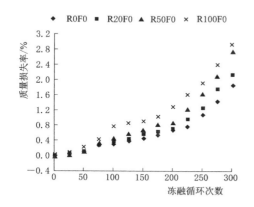 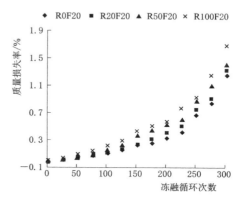

图4-2　未掺加粉煤灰混凝土质量损失率　　图4-3　掺加20%粉煤灰混凝土质量损失率

从图4-2可知，在硫酸钠溶液中经历300次冻融循环以后，天然骨料混凝土（R0F0）的质量损失率与再生混凝土（R20F0、R50F0、R100F0）的质量损失率存在一定的差异。随着再生骨料取代率的增加，混凝土质量损失率有所增大。从图4-2中可以看出，循环次数小于50次时，R0F0、R20F0、R50F0、R100F0混凝土质量损失率差异较小，质量损失率呈缓慢速度增长。分析原因，试验初期再生混凝土遭受冻融循环与硫酸盐侵蚀程度较低，由于再生混凝土的吸水率以及孔隙率较高，初期再生混凝土吸收的水分质量小于冻融循环与硫酸盐侵蚀造成的表面掉渣质量损失，因此质量损失率呈缓慢速度上升。随着冻融循环次数的增加，各组试件的质量损失率呈不同速率增大。可以看出在100~200次循环以后，质量损失率增加速率排列顺序为：R100F0＞R50F0＞R20F0＞R0F0。分析原因，主要是因为混凝土试件在冻融循环中期，表面的砂浆开始逐渐开裂并出现掉渣，因此质量损失率有所增大。在200~300次冻融循环过程中，混凝土试件质量损失率增长速度明显加快，基本上呈指数式上升。在200次冻融循环以后，混凝土在冻融循环与硫酸盐侵蚀双重作用下，由于内部结构松散导致表面砂浆脱落严重，甚至出现骨料的脱落，质量损失率呈指数式上升。通过图4-3、图4-4可以分析，混凝土在冻融循环与硫酸盐侵蚀双重作用下混凝土质量损失率变化规律基本一致。

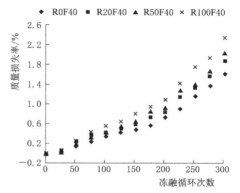

图4-4　掺加40%粉煤灰混凝土
质量损失率

4.2.2.1　再生骨料取代率对于质量损失率的影响

从图 4-2 可以看出，经历 150 次冻融循环与硫酸盐侵蚀双重作用以后，R0F0、R20F0、R50F0、R100F0 四组试件的质量损失率为 0.47%、0.58%、0.72%、0.94%。可以看出，在前 150 次冻融循环以后，不同再生骨料取代率下再生混凝土质量损失率相差较大。与冻融循环试验相比，R0F0、R20F0、R50F0、R100F0 四组试件质量损失率分别增大 0.24%，0.24%，0.08%，0.16%。在经历 300 次冻融循环以后，R0F0、R20F0、R50F0、R100F0 四组试件的质量损失率为 1.89%、2.15%、2.78%、2.95%。可以看出，经历 300 次冻融循环以后，混凝土的质量损失率随着再生骨料取代率的增大而增加，再生骨料取代率为 100% 的混凝土试件出现最大的质量损失率。与冻融循环试验相比，300 次冻融循环循环以后 R0F0、R20F0、R50F0、R100F0 四组混凝土质量损失率分别增大 0.63%、0.61%、0.91%、0.82%。由此可以得出：冻融循环与硫酸盐侵蚀双重作用下再生混凝土质量损失率大于冻融循环下质量损失率；且随着再生骨料取代率的增加，质量损失率有所增加。

在冻融循环与硫酸盐侵蚀双重作用试验中，再生混凝土的质量损失率变化是冻融循环与硫酸盐侵蚀相互作用的结果。根据第 3 章 3.2 节分析可知，表面砂浆剥落的与混凝土局部的 pop-out 效应有关。再生混凝土表面黏结的砂浆强度小于天然骨料混凝土周围的砂浆，且含水量较高，就会产生更大的 pop-out 效应。因此，一方面掺加 100% 再生骨料的再生混凝土产生了最大的质量损失；另一方面，硫酸盐侵蚀主要分为两个方面，包括化学侵蚀与物理侵蚀。化学侵蚀主要是硫酸盐离子迁移到混凝土中，影响水泥中的水化反应产物，最终导致混凝土中的胶凝体基质发生改变。例如，硫酸根离子可以与氢氧化钙（CH）形成石膏。此外，钙矾石可以通过反应产生水合铝酸钙、硫酸酯或三铝酸钙的过程中形成的石膏。石膏和钙矾石形成通常使反应物的体积增加大 1.2~2.2 倍，从而导致膨胀和开裂；另一方面，在硫酸盐侵蚀的过程中，也会对混凝土造成一定的物理侵蚀。当环境中出现温度变化与湿度的变化时，这一现象一般会发生在混凝土与硫酸盐溶液接触的表面。硫酸盐的物理侵蚀一般情况下就是硫酸盐从水化物到非水化物之间的转化，这一过程一般会伴随着体积的增加。例如，硫酸钠从未水化的阶段（即芒硝 Na_2SO_4）的水合转换形式（即芒硝以 $Na_2SO_4 \cdot 10H_2O$）相结合，这一过程的体积增加量约为 314%。

通过分析可知，在冻融循环与硫酸盐侵蚀双重作用下，混凝土质量损失率也是一种表面损伤。一方面，随着再生骨料取代率的增加，混凝土靠近表面的骨料会产生较大的 pop-out 效应；另一方面，表面损伤是由于硫酸盐的物理侵蚀所导致的，随着再生骨料取代率的增加，表面周围的单位体积内混凝土的吸水率与孔隙率随之增加，硫酸盐入侵量就会增加，导致硫酸盐物理侵蚀造成较大的体积膨胀，从而引起表面砂浆松动。在冻融循环与硫酸盐侵蚀双重作用下，两者的损伤进行了叠加，因此大于冻融循环试验下再生混凝土质量损失率。

4.2.2.2　粉煤灰掺量对于质量损失率的影响

冻融循环与硫酸盐侵蚀双重作用试验中不同再生骨料取代率下混凝土质量损失率分布如图 4-5 所示。

通过图 4-5 中可以发现，当再生骨料取代率为 0 时，经历了 300 次循环以后 R0F0、

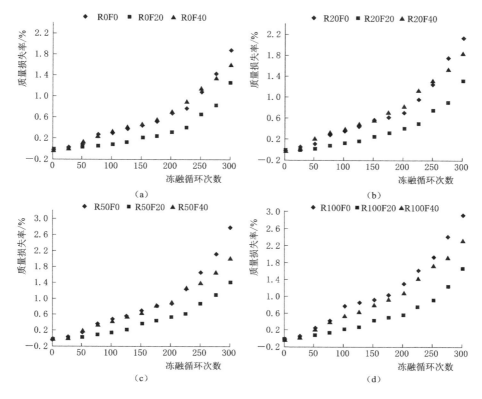

图 4-5　不同再生骨料取代率下混凝土质量损失率
（a）再生骨料取代率为 0；（b）再生骨料取代率为 20%；
（c）再生骨料取代率为 50%；（d）再生骨料取代率为 100%

R0F20、R0F40 三组试件的质量损失率为 1.89%、1.26%、1.62%。当再生骨料取代率为 20% 时，经历了 300 次循环以后 R20F0、R20F20、R20F40 三组试件的质量损失率为 2.15%、1.34%、1.88%。当再生骨料取代率超过 50% 时，经历了 300 次循环以后，R50F0、R50F20、R50F40 三组试件的质量损失率为 2.78%、1.42%、2.05%；R100F0、R100F20、R100F40 三组试件的质量损失率为 2.95%、1.69%、2.36%。通过分析可知：在 300 次冻融循环与硫酸盐侵蚀双重作用试验中，混凝土中加入粉煤灰以后，混凝土的质量损失率有所改善，数值均有所减少。可以发现，在经过 300 次冻融循环与硫酸盐侵蚀双重作用以后，粉煤灰掺量为 0 的混凝土质量损失率最大，粉煤灰掺量为 40% 的混凝土质量损失率次之，掺入 20% 的粉煤灰时，质量损失率最小。分析原因可知，再生混凝土配合比中加入适量的粉煤灰，由于粉煤灰颗粒与水泥颗粒相比粒径较小，从而对于混凝土内部的孔隙结构起到细化作用，导致混凝土中的气泡较细且均匀。这一内部结构的改变可以减少硫酸盐溶液进入到混凝土孔隙内部，从而减少混凝土遭受冻融循环与硫酸盐侵蚀双重作用的影响。当粉煤灰掺量增加到 40% 时，较多的粉煤灰会影响混凝土内部的水化反应从而造成力学性能降低，间接的影响再生混凝土的耐久性。在本试验中，20% 的粉煤灰掺量对于再生混凝土抗冻融循环与硫酸盐侵蚀双重作用性能最优。

4.2.3　相对动弹模量

根据各组棱柱体再生混凝土试件经历 300 次冻融循环与硫酸盐双重作用下的相对动弹模量数据，可以得到再生混凝土相对动弹模量与再生骨料取代率以及粉煤灰掺量演化关系如图 4-6 所示。再生混凝土的相对动弹模量变化具体包括以下几个方面。

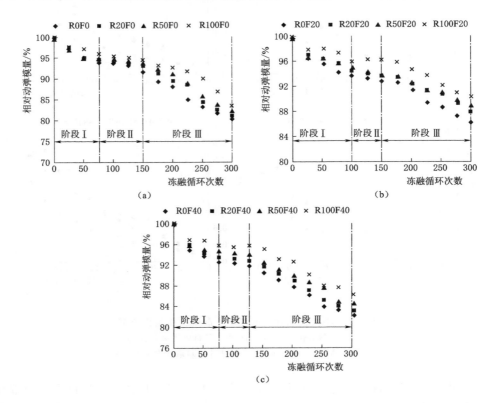

图 4-6　冻融循环与硫酸盐侵蚀双重作用下混凝土相对动弹模量
（a）粉煤灰掺量为 0；（b）粉煤灰掺量为 20％；（c）粉煤灰掺量为 40％

4.2.3.1　再生骨料水工混凝土相对动弹模量变化规律

从图 4-6（a）可以看出，再生混凝土经历 300 次冻融循环与硫酸盐双重作用下，相对动弹模量变化主要分为三个阶段：

第一阶段：匀速下降期（0～75 次），在这个阶段内，混凝土的相对动弹模量呈缓慢速度进行下降。在 0～75 次循环过程中，R0F0、R20F0、R50F0、R100F0 相对动弹模量分别减少 3.7％、4.7％、5.2％、6％。分析原因，主要是因为初期混凝土在冻融循环与硫酸盐双重作用下，破坏仅仅发生在表面，冻融破坏以及硫酸盐侵蚀对混凝土内部损伤程度较小。

第二阶段：缓慢下降期（75～150 次），这一阶段内混凝土的相对动弹模量变化较小。在 0～75 次循环过程中，R0F0、R20F0、R50F0、R100F0 混凝土相对动弹模量分别减少 1.4％、1.1％、1.6％、2.3％。与前 75 次循环内相对动弹模量下降幅度相比，75～150

次循环中相对动弹模量下降明显减小。分析原因，出现这一现象的主要原因在于硫酸盐侵蚀的因素的影响。根据相关文献可知，硫酸盐离子迁移到混凝土中，主要在孔隙中发生化学反应，从而影响水泥中的水化反应产物。硫酸根离子可以与水泥中的氢氧化钙反应生成石膏以及钙矾石晶体，这些生成的产物在孔隙中积累，导致混凝土整个孔隙结构变得更加密实；另一方面，混凝土在冻融循环的作用下，由于冻胀压力的产生，在微观情况下会对混凝土孔隙结构造成影响。在这两方面因素的影响下，混凝土的相对动弹模量出现缓慢下降期。

第三阶段：加速下降期（150～300 次），这一阶段内混凝土的相对动弹模量下降较为迅速。在 150～300 次循环过程中，R0F0、R20F0、R50F0、R100F0 相对动弹模量分别减少 11.3%、13.7%、14.9%、16.3%。与前 150 次循环内相对动弹模量下降值相比，150～300 次循环中相对动弹模量下降明显增大。分析原因，主要是由于第二个阶段内，混凝土孔隙内聚集了大量的钙矾石以及石膏晶体。随着晶体生成的增多，就会充满整个孔隙结构。在晶体产生的过程中，会对孔隙的内壁产生拉应力。随着拉应力的不断增大，超过了孔隙内壁的抗拉强度的时候，孔隙就会产生裂缝。这一过程又会加速水进入到孔隙内部，从而加速冻融循环的破坏。在这两方面双重作用下，混凝土内部的结构破坏较为严重，因此会出现相对动弹模量加速下降的过程。

通过分析图 4-6（b）、（c）可以发现，不同配合比下混凝土遭受冻融循环与硫酸盐侵蚀双重破坏，相对动弹模量均呈现三个阶段的变化。第一阶段为匀速下降期，第二阶段为缓慢过渡期，第三个阶段为加速下降期。图 4-6（b）中，R100F20 混凝土在第二阶段出现了相对动弹模量缓慢上升的阶段，分析原因是硫酸盐侵蚀对混凝土造成的正面作用大于冻融循环所造成的负面作用，因此会出现一段相对动弹模量上升过程。

冻融循环与硫酸盐侵蚀双重作用过程主要是由于孔隙结构的内部变化所引起的，下面通过 SEM 分析单个孔隙结构内部的变化，来验证上述分析。选取 R20F20 混凝土 SEM 图来进行说明，不同循环次数下再生混凝土内部损伤结构如图 4-7 所示。从图 4-7（a）可以看出，混凝土孔隙在未侵蚀之前，孔隙内部表面较为光滑，孔隙内部没有明显的裂缝。随着冻融循环与硫酸盐侵蚀双重作用次数的增加，混凝土内部出现了较多的针状晶体，这些晶体为钙矾石晶体；可以看出这些晶体已经填充在混凝土孔隙的内部，孔隙内部出现了少量微小裂缝，如图 4-7（b）所示。随着循环次数到达 300 次，可以看到混凝土内部仍然存在着较多的钙矾石晶体，但是孔隙内部出现了明显的贯穿性裂缝，裂缝的长度及宽度均出现了明显的增加，如图 4-7（c）所示。

4.2.3.2 再生骨料取代率对于相对动弹模量的影响分析

从图 4-6（a）随着冻融循环与硫酸盐侵蚀双重作用次数的增加，可以看出随着再生骨料取代率的增加，混凝土的剩余相对动弹模量变化有所不同。经历 300 次冻融循环与硫酸盐侵蚀双重作用以后，R0F0、R20F0、R50F0、R100F0 混凝土的相对动弹模量为 80.4%、81.3%、82.5%、83.7%，剩余相对动弹模量排序为 R0F0＜R20F0＜R50F0 ＜R100F0；R0F20、R20F20、R50F20、R100F20 混凝土的相对动弹模量为 86.3%、88%、89.1%、90.5%；R0F40、R20F40、R50F40、R100F40 混凝土的相对动弹模量为

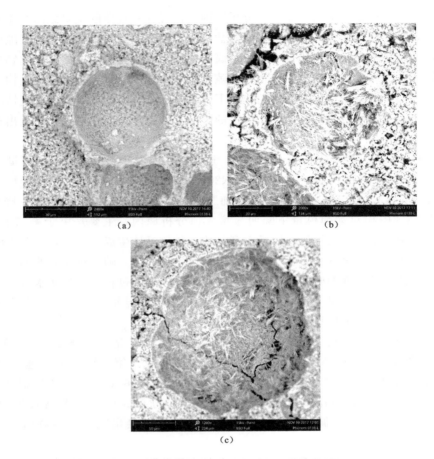

图 4-7　冻融循环与硫酸盐侵蚀双重作用下孔隙结构变化过程
(a) 0 次；(b) 150 次；(c) 300 次

82.5％、83.2％、84.7％、86.4％。可以看出，经历 300 次冻融循环与硫酸盐侵蚀双重作用以后，混凝土的相对动弹模量随着再生骨料取代率的增大而增加，再生骨料取代率为 100％的混凝土试件出现最大的相对动弹模量。

　　根据上述可知，再生骨料对于混凝土的耐久性有两个方面的影响：一方面，再生骨料掺入到混凝土中，对于混凝土的强度会产生较大的影响，从而导致混凝土强度降低，因此表面砂浆的强度也有所影响，对于混凝土抗冻性不利；另一方面，由于再生骨料表面黏结的砂浆带有较多微小的孔隙，导致再生混凝土的孔隙率大于天然骨料混凝土，内部较多的孔隙可以有效地释放混凝土在冻融循环过程中产生的冻胀压力，因此对于混凝土冻融循环中可以有效地释放冻融压力；而且，随着再生骨料取代率的增加，混凝土内部的孔隙率增加，微小孔隙就会增多，这样混凝土内部用于填充硫酸盐侵蚀产生的钙矾石及石膏的空间也增大，可以有效地阻止硫酸盐侵蚀对于混凝土的损伤。

4.2.3.3　粉煤灰掺量对于相对动弹模量的影响分析

　　通过比较图 4-8 可以发现，以再生骨料取代率为 100％为例，经历了 300 次冻融循环与硫酸盐侵蚀双重作用以后，R100F0、R100F20、R100F40 三组混凝土试件的相对动弹模量为 83.7%、90.5%、86.4%，剩余相对动弹模量排序为 R100F20＞R100F40＞R100F0；R50F0、R50F20、R50F40 混凝土的相对动弹模量为 82.5%、89.1%、84.7%；R20F0、R20F20、R20F40 试件的相对动弹模量为 81.3%、88%、83.2%；R0F0、R0F20、R0F40 混凝土的相对动弹模量为 80.4%、86.3%、82.5%。可以看出，加入粉煤灰以后，再生混凝土的相对动弹模量有所改善，相对动弹模量损失量均有所减少。结果表明加入 20% 的粉煤灰时，再生混凝土经过冻融循环与硫酸盐侵蚀双重作用以后剩余相对动弹模量最大。分析原因可知，再生混凝土配合比中加入适量的粉煤灰，可以有效地改善再生混凝土的孔隙结构。粉煤灰加入会使再生混凝土的孔隙结构变小，大孔及中孔在粉煤灰填充的作用下形成小于 10nm 的胶凝孔，孔径 $d<10nm$ 的孔隙不会受到冻融循环的作用，因为孔隙内部的水量及硫酸盐入侵较少，因此凝胶孔基本不受冻融循环与硫酸盐侵蚀损伤。但是随着粉煤灰掺量的增加，再生混凝土的强度会有所较少，从而会间接影响混凝土的耐久性。本试验中，20% 的粉煤灰掺量对于再生混凝土抗冻融循环与硫酸盐侵蚀双重作用性能最优。

粉煤灰掺量为 40% 的混凝土性能劣于 20% 掺量混凝土的原因，可能是较多的粉煤灰（40%）对再生混凝土孔径的细化作用导致硫酸盐化学侵蚀作用下混凝土中形成更大范围的孔溶液区，孔溶液中的化学侵蚀造成更严重的破坏。Benli 等学者通过研究海水以及

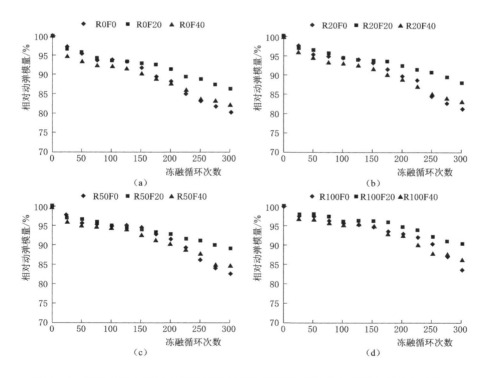

图 4-8 冻融循环与硫酸盐侵蚀双重作用下不同粉煤灰掺量混凝土相对动弹模量

（a）再生骨料取代率为 0；（b）再生骨料取代率为 20%；

（c）再生骨料取代率为 50%；（d）再生骨料取代率为 100%

硫酸镁对于混凝土的侵蚀，粉煤灰中 Al_2O_3 含量为 $15\%\sim40\%$，这个含量远远大于普通硅酸盐水泥中的 Al_2O_3 含量，因此掺入过量的粉煤灰反而增加了混凝土胶凝材料中的铝相成分，从而对于硫酸盐生成钙矾石起到了一定的促进作用。Mardani 等学者通过试验研究了不同矿物掺合料对于硫酸盐侵蚀的影响。在硫酸盐对混凝土侵蚀过程中，矿物掺合料（如粉煤灰、硅灰等）具有加剧硫酸盐对混凝土侵蚀破坏的潜能，如果矿物掺合料研磨过细，就会导致使硫酸盐溶液在没有物理阻碍的情况下充分包围水泥石颗粒，就会增加混凝土遭受硫酸盐侵蚀的可能性。粉煤灰中活性的 Al_2O_3 是以玻璃态的形式存在，其活性的激发需要一些辅助手段，如加热、机械碾磨和化学激发剂，而硫酸钠就是一种常用而有效的化学激发剂。

4.2.4 剩余抗压强度

不同配合比再生混凝土立方体试件经历 300 次冻融循环与硫酸盐侵蚀双重作用以后的抗压强度见表 4-1。

表 4-1 冻融循环与硫酸盐侵蚀双重作用下混凝土抗压强度

配合比	粉煤灰/%	再生骨料/%	抗压强度/MPa			
			50 次	100 次	200 次	300 次
R0F0	0	0	53.2	52.4	49.2	42.10
R20F0	0	20	51.2	50.1	48.9	43.70
R50F0	0	50	50.1	48.7	45.3	39.60
R100F0	0	100	46.7	44.2	40.1	32.30
R0F20	20	0	49.5	46.5	44.2	40.00
R20F20	20	20	48.6	45.9	43.1	41.00
R50F20	20	50	47.1	45.2	41.9	39.60
R100F20	20	100	41	39.1	36.8	33.70
R0F40	40	0	46.4	45.2	42.6	36.20
R20F40	40	20	45.2	43.1	40.9	35.10
R50F40	40	50	42.3	40	36.2	34.90
R100F40	40	100	34.5	30.7	28.5	28.00

根据表 4-1 可以看出，随着冻融循环次数的增加，各组混凝土的抗压强度均出现了不同程度的降低。不同配合比混凝土立方体试件经历 300 次冻融循环与硫酸盐侵蚀双重作用以后剩余抗压强度见表 4-2。以 R0F0 混凝土为例，经过 50 次、100 次、200 次、300 次冻融循环与硫酸盐侵蚀双重作用以后，混凝土的剩余抗压强度为 96.46%、95.01%、89.21%、76.34%。可以看出随着循环次数的增加，混凝土的剩余抗压强度降低速率有所不同。R0F0 混凝土在冻融循环与硫酸盐侵蚀双重作用前期混凝土的剩余抗压强度降低速率较慢，随着循环次数的增加，剩余抗压强度降低速率增大。

根据表 4-2 中的数据，经过 300 次冻融循环以后混凝土剩余抗压强度见图 4-9（图中 F0、F20、F40 分别表示粉煤灰掺量为 0、20%、40%混凝土试件组）。

表 4-2　　　　　冻融循环与硫酸盐侵蚀双重作用下混凝土剩余抗压强度

配合比	粉煤灰/%	再生骨料/%	剩余抗压强度/%			
			50 次	100 次	200 次	300 次
R0F0	0	0	96.46	95.01	89.21	76.34
R20F0	0	20	93.65	91.64	89.45	79.93
R50F0	0	50	93.44	90.82	84.48	73.85
R100F0	0	100	98.61	93.33	84.67	68.20
R0F20	20	0	98.37	92.41	87.84	79.49
R20F20	20	20	97.55	92.13	86.51	82.30
R50F20	20	50	97.50	93.56	86.73	81.97
R100F20	20	100	96.36	91.66	86.49	79.20
R0F40	40	0	96.71	94.21	88.79	75.45
R20F40	40	20	99.78	95.14	90.29	77.48
R50F40	40	50	96.66	91.41	82.72	79.75
R100F40	40	100	87.01	77.43	71.88	70.62

从图 4-9 中可以看出，随着再生骨料取代率的增加，再生混凝土抗压强度均出现先增大后减小的趋势。通过比较图 4-9 中可以发现，以掺加 20％粉煤灰的混凝土为例，经历了 300 次冻融循环与硫酸盐侵蚀双重作用以后，R0F20、R20F20、R50F20、R100F20 四组试件的剩余抗压强度为 79.49％、82.3％、81.97％、79.2％。可以看出，在 20％再生骨料取代率的时候，再生混凝土剩余抗压强度达到最大值。然而，100％再生骨料取代率时，再生混凝土剩余抗压强度最小。对于未掺加粉煤灰试件组，R0F0、R20F0、R50F0、R100F0 四组试件的剩余抗压强度为 76.34％、79.93％、73.83％、

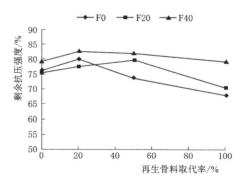

图 4-9　经过 300 次循环作用后
剩余抗压强度

68.2％，表明 20％再生骨料取代率下混凝土剩余抗压强度最大。对于掺加 40％粉煤灰混凝土，R0F40、R20F40、R50F40、R100F40 四组试件的剩余抗压强度为 75.45％、77.48％、79.75％、70.62％，表明 50％再生骨料取代率下混凝土试件剩余抗压强度最大。分析可知，粉煤灰掺量一定的情况下，20％与 50％取代率下再生骨料可以有效地减少冻融循环与硫酸盐侵蚀作用下再生混凝土力学性能的损伤。

通过比较图 4-9 中可以发现，以再生骨料取代率为 100％为例，经历了 300 次冻融循环与硫酸盐侵蚀双重作用以后，R100F0、R100F20、R100F50 三组试件的剩余抗压强度为 68.2％、79.2％、70.62％。可以得出，在 20％粉煤灰掺量的时候，混凝土剩余抗压强度达到最大值。然而，40％粉煤灰掺量时，再生混凝土剩余抗压强度有所减少，但是仍然大于未掺加粉煤灰混凝土剩余抗压强度。同样可以分析，在再生骨料

取代率为 0、20%、50% 的试件组中，20% 的粉煤灰掺量下混凝土的力学性质表现最优。由此可以看出，适量的掺加粉煤灰可以有效地减少冻融循环与硫酸盐侵蚀中再生混凝土力学性能的损伤。

4.2.5　硫酸盐传输性能

再生混凝土在冻融循环与硫酸盐侵蚀双重作用下，试件遭到两种因素的复合作用，再生混凝土表层砂浆以及骨料会出现龟裂以及脱落，这些损伤对于再生混凝土耐久性的影响是永久性的，从而给再生混凝土构件带来的表层结构失效，导致再生混凝土表层结构破坏。本节内容通过检测硫酸盐浓度来间接地测试再生混凝土的硫酸盐表层传输性能。硫酸盐浓度越大，表明混凝土在冻融循环与硫酸盐侵蚀双重作用下硫酸盐传输性能越大；反之则表明混凝土在冻融循环与硫酸盐侵蚀双重作用下硫酸盐传输性能越小。

本试验中采用西安理工大学环境分析实验室 UV-1200 型紫外分光光度计进行试验。通过紫外分光光度计来检测混凝土粉末中的硫酸根含量。粉末样品是从不同配合比试件不同深度处钻取的混凝土。保持混凝土粉末处于干燥状态进行试验。采用精密天平称取在 100℃ 下干燥至恒重状态的混凝土粉末适量，配制成 1.47g/L 储备液。精密量取储备液中的溶液 0.5mL、1mL、1.5mL、2mL、2.5mL、3mL、3.5mL、4mL、4.5mL、5mL、5.5mL、6mL 进行测试。在 400nm 波长处，以水为空白对照组，测定硫酸钠溶液的吸光度。将待测样品所测得的吸光度代入硫酸钠标准曲线，并用拟合方程计算样品中硫酸根离子含量。

再生混凝土的硫酸盐传输性能对于混凝土内部的硫酸盐侵蚀影响较大，从而对于混凝土的抗冻融循环与硫酸盐侵蚀双重作用性能产生一定的影响。本节中主要针对再生混凝土棱柱体试件的表层硫酸盐入侵浓度的测试试验，具体研究了冻融循环与硫酸盐侵蚀双重作用下再生混凝土棱柱体试件硫酸盐传输性能随着不同因素的变化规律。本节内容通过检测不同表层深度下硫酸盐浓度来测试混凝土试件硫酸盐传输性能。

1. 再生骨料取代率对于硫酸盐传输性能的影响

根据试验结果，不同再生骨料取代率混凝土内的硫酸盐浓度如图 4-10 所示。由图 4-10 可知，在 100 次、200 次、300 次冻融循环与硫酸盐侵蚀双重作用下，R0F0 与 R20F0 混凝土的曲线非常接近，可以看出再生骨料在取代率较小时，硫酸盐传输性能与普通混凝土接近。然而，R0F0 与 R50F0、R100F0 混凝土曲线相差较大，可以分析再生骨料取代率较高的时候，经过双重侵蚀以后硫酸盐传输性能明显大于普通混凝土。分析原因，一方面，当再生骨料取代率为 20% 时，掺加再生骨料的混凝土与普通混凝土的内部结构变化较小；另一方面由于再生骨料的吸水率较大，会间接的减小混凝土的水灰比从而提升混凝土的力学性能，从而可以抵消由于再生骨料自身的缺陷所造成的密实度降低。当再生骨料取代率超过 50% 以后，混凝土内部的孔隙率与裂缝密度均有所增加，促进了硫酸盐进入孔隙内部的速度。因此随着再生骨料取代率的增加，混凝土内部的硫酸盐传输性能增大较为明显。

100~200 次冻融循环与硫酸盐侵蚀双重作用下不同试件硫酸盐浓度增长率如图 4-11 所示。从图中可以看出，R100F0 混凝土在 100~200 次冻融循环与硫酸盐侵蚀双重

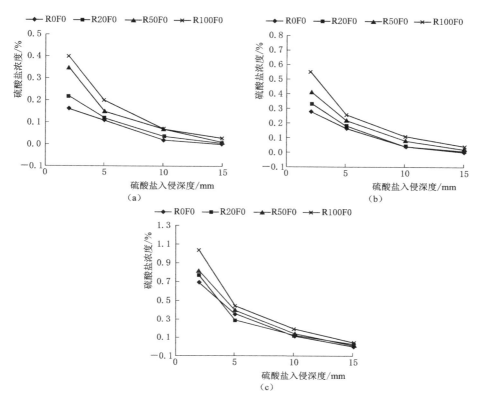

图 4-10 不同再生骨料取代率混凝土内的硫酸盐浓度

(a) 100 次;(b) 200 次 (c) 300 次

作用下,增长率最大值出现在靠近表层 10mm 处,增长幅度为 57.14%;R50F0 混凝土在 100~200 次冻融循环与硫酸盐侵蚀双重作用下,增长率最大值出现在靠近表层 15mm 处,增长幅度为 101%;R20F0 混凝土在 100~200 次冻融循环与硫酸盐侵蚀双重作用下,增长率最大值出现在靠近表层 15mm 处,增长幅度为 66.7%;R0F0 混凝土在 100~200 次冻融循环与硫酸盐侵蚀双重作用下,增长率最大值出现在靠近表层 15mm 处,增长幅度为 150%。综合比较四组不同配合比混凝土,在 R0F0 混凝土中硫酸盐浓度增长率出现最大值,R100F0 混凝土中硫酸盐浓度增长率出现最小值。表明随着冻融循环与硫酸盐侵蚀双重作用的增加,R0F0 混凝土内部硫酸盐传输最为迅速。

200~300 次冻融循环与硫酸盐侵蚀双重作用下不同深度硫酸盐浓度增长率见图 4-12。与图 4-11 相比,200~300 次冻融循环与硫酸盐侵蚀双重作用下硫酸盐浓度增长值明显增加,说明随着冻融循环次数的增大,混凝土的硫酸盐传输性能增加较快。从图 4-12 可以看出,R100F0 混凝土在 200~300 次冻融循环与硫酸盐侵蚀双重作用下,增长率最大值出现在靠近表层 2mm 处,增长幅度为 89%;R50F0 混凝土在 200~300 次冻融循环与硫酸盐侵蚀双重作用下,增长率最大值出现在靠近表层 2mm 处,增长幅度为 97.6%;R20F0 混凝土在 200~300 次冻融循环与硫酸盐侵蚀双重作用下,增长率最大值出现在靠近表层 15mm 处，增长幅度为 220％；R0F0 混凝土在 200～300 次冻融循环与硫酸盐侵蚀双重作用下，增长率最高出现在靠近表层 10mm 处，增长幅度为 197.5％。综合比较四组不同配合比，结果与 100～200 次增长率类似，在 R0F0 混凝土中硫酸盐浓度增长率出现最大值，R100F0 试件组中硫酸盐浓度增长率出现最小值。又一次证明：随着冻融循环与硫酸盐侵蚀双重作用的增加，R100F0 混凝土内部结构损伤最为缓慢。可以得出，加入再生骨料可以有效地减少混凝土在冻融循环与硫酸盐侵蚀双重作用下硫酸盐传输性能。

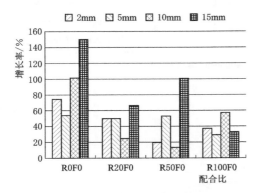

图 4-11　100～200 次循环以后不同配合比
试件硫酸盐浓度增长率

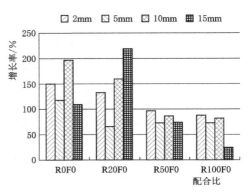

图 4-12　200～300 次循环以后不同配合比
试件硫酸盐浓度增长率

2. 粉煤灰掺量对于硫酸盐传输性能的影响

根据试验结果，以再生骨料取代率为 100％ 的混凝土为例，不同粉煤灰掺量混凝土内的硫酸盐浓度见图 4-13。

由图 4-13 可知，在 100 次、200 次、300 次冻融循环与硫酸盐侵蚀双重作用下，R100F0、R100F20 与 R100F40 的硫酸盐传输性能差别较大。可以看出随着粉煤灰掺量的增加，硫酸盐的传输性能有所减少。由图 4-13 可知，粉煤灰的加入可以有效地阻碍硫酸根离子在再生混凝土中的传输。在 100 次冻融循环与硫酸盐侵蚀双重作用后，在 0～5mm 深度处 R100F0 混凝土水溶硫酸根离子浓度为 0.2％，而 R100F20 与 R100F40 混凝土在 0～5mm 表层深度处硫酸根离子浓度分别为 0.18％ 和 0.11％。然而，在 300 次冻融循环与硫酸盐侵蚀双重作用后，在 0～5mm 深度处 R100F0 混凝土水溶硫酸根离子浓度为 0.53％，而 R100F20 与 R100F40 混凝土在 0～5mm 深度处硫酸根离子浓度分别为 0.39％ 和 0.29％。分析原因，粉煤灰可以有效地填充再生混凝土内部孔隙，优化再生混凝土的内部结构，使得混凝土内气泡孔径减小，影响硫酸根离子在混凝土孔隙之间的传输过程。同时，粉煤灰等矿物添加剂会与氢氧化钙发生火山灰反应，减少膨胀性产物的生成量，减少孔隙结构的破坏。

100～200 次冻融循环与硫酸盐侵蚀双重作用下不同粉煤灰掺量混凝土硫酸盐浓度增长率见表 4-14。从图中可以看出，R100F0 混凝土在 100～200 次冻融循环与硫酸盐侵蚀双重作用下，增长率最大值出现在靠近表层 10mm 处，增长幅度为 57.14％；R100F20 混凝土在 100～200 次冻融循环与硫酸盐侵蚀双重作用下，增长率最大值出现在靠近表层

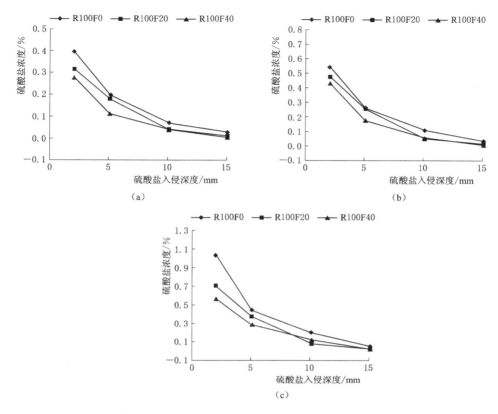

图 4-13 不同粉煤灰掺量混凝土内的硫酸盐浓度
(a) 100 次；(b) 200 次；(c) 300 次

15mm 处，增长幅度为 50%；R100F40 混凝土在 100～200 次冻融循环与硫酸盐侵蚀双重作用下，增长率最大值出现在靠近表层 5mm 处，增长幅度为 63.64%。综合比较三组不同配合比混凝土试件，在 R100F20 混凝土中硫酸盐浓度增长率出现最大值，R100F40 混凝土中硫酸盐浓度增长率出现最小值。表明随着冻融循环与硫酸盐侵蚀双重作用次数的增加，R100F20 混凝土内部结构硫酸盐传输性能变化较为缓慢。

200～300 次冻融循环与硫酸盐侵蚀双重作用下不同粉煤灰掺量再生混凝土硫酸盐浓度增长率见图 4-15。与图 4-14 相比，200～300 次冻融循环与硫酸盐侵蚀双重作用下硫酸盐浓度增长值明显增加，说明随着冻融循环次数的增大，混凝土的表层硫酸盐传输性能增加较快。可以看出，R100F20 混凝土随着循环次数的增大，硫酸盐传输性能增长率平均值最小。可以得出，20% 粉煤灰掺量可以有效地减少再生混凝土在冻融循环与硫酸盐侵蚀双重作用下的硫酸盐传输性能。

综上所述，冻融循环与硫酸盐侵蚀双重作用下，再生混凝土硫酸盐传输性能可以分为两个阶段：第一阶段（1～200 次），随着冻融循环与硫酸盐侵蚀双重作用下，试件表层硫酸盐传输性能较弱；第二阶段（200～300 次），随着冻融循环与硫酸盐侵蚀双重作用下，试件表层硫酸盐传输性能增加较快。

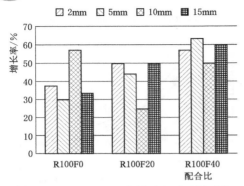

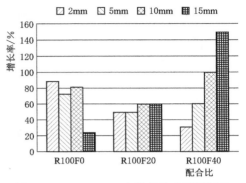

图 4-14　100～200 次循环以后不同试件　　　　图 4-15　200～300 次循环以后不同试件
　　　硫酸盐浓度增长率　　　　　　　　　　　　　　硫酸盐浓度增长率

4.3　冻融循环与硫酸盐侵蚀相互影响分析

在冻融循环与硫酸盐侵蚀双重作用试验中，本节为了研究硫酸盐侵蚀对冻融循环的影响，定义再生混凝土硫酸盐侵蚀对于冻融循环性能的影响系数 λ，表达式如下：

$$\lambda = RDME_{F+S} / RDME_F \tag{4.1}$$

式中　　λ——硫酸盐侵蚀对于冻融循环的影响系数；

$RDME_{F+S}$——冻融循环与硫酸盐侵蚀双重作用下的相对动弹模量；

$RDME_F$——冻融循环作用下的相对动弹模量。

对于式（4.1），当 $\lambda=1$，表示硫酸盐侵蚀对冻融循环没有影响；当 $\lambda>1$，表示硫酸盐侵蚀对冻融循环产生正面影响，λ 值越大，正面影响越显著；当 $\lambda<1$，表示硫酸盐侵蚀对冻融循环产生负面影响，λ 值越小，负面影响越显著。

根据冻融循环与硫酸盐侵蚀双重作用试验与冻融循环试验中相对动弹模量数据可以得出不同时期内 λ 的取值，见图 4-16。

根据图 4-16（a）可知，λ 值的变化是一个逐渐减小的过程，λ 值始终小于 1。可以看到试验初期（25～150 次冻融循环），λ 值随着冻融循环次数的增加减小较为缓慢。可以分析在这段时间内，硫酸盐侵蚀对于混凝土的抗冻性能是不利的，但是这种不利影响发展较为缓慢。分析原因是由于硫酸盐侵蚀初期，硫酸根离子进入混凝土孔隙中，一方面，孔隙中的自由水变成了硫酸钠溶液，由于硫酸钠溶液的凝固点小于水的凝固点，因此会减少孔隙中溶液结冰的速率，增加再生混凝土的抗冻性；另一方面，硫酸钠溶液会与氢氧化钙反应生成钙矾石与石膏晶体，对于混凝土孔隙进行了填充，生成晶体产生的膨胀力会对孔隙内壁造成破坏。在这两方面的双重作用下，硫酸盐侵蚀会对再生混凝土冻融循环起到促进的作用。但是由于初期再生混凝土孔隙内生成的石膏及钙矾石晶体膨胀力较小，因此 λ 值下降较为平缓。随着冻融循环次数的增大，150 次冻融循环以后，R100F0、R50F0、R20F0 的 λ 取值呈线性下降，λ 值均小于 1。说明在 150～300 次冻融循环过程中，硫酸盐侵蚀对于冻融循环仍然起到负面作用，而且这种负面作用有所增加。分析原因是由于孔隙中的钙矾石与石膏晶体充满了孔隙，由于这些晶体的发展与膨胀会对孔隙内壁造成拉

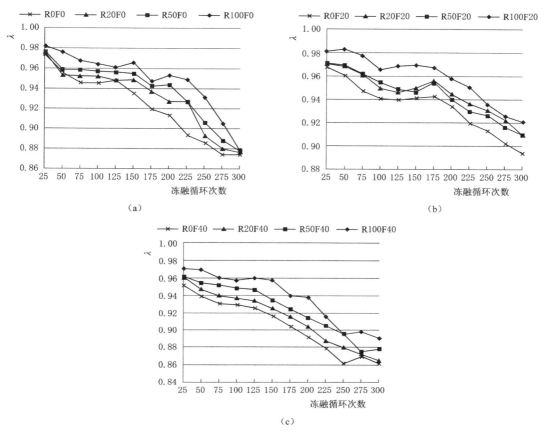

图 4-16 经过 300 次冻融循环后混凝土 λ 值变化曲线
(a) 粉煤灰掺量为 0;(b) 粉煤灰掺量为 20%;(c) 粉煤灰掺量为 40%

应力,当应力大于孔隙内壁的抗拉强度时候,就会产生裂缝。这些裂缝会加剧孔隙内部自由水的含量,因此促进了冻融破坏的发展。

经过 300 次冻融循环与硫酸盐侵蚀双重作用试验以后,R100F0、R50F0、R20F0、R0F0 混凝土的 λ 值为 0.88、0.88、0.87、0.87,R100F0 混凝土的 λ 值最大,表明 R100F0 混凝土在试验过程中硫酸盐侵蚀对于再生混凝土抗冻性能影响最小。对于粉煤灰掺量为 20% 的试件组,R100F20、R50F20、R20F20、R0F20 混凝土的 λ 值为 0.92、0.91、0.91、0.89;对于粉煤灰掺量为 40% 的试件组,R100F40、R50F40、R20F40、R0F40 混凝土的 λ 值为 0.89、0.87、0.86、0.86。可以看出再生骨料取代率为 100% 时候,每组中的 λ 值最大。分析可得掺加再生骨料可以有效地提高混凝土在冻融循环与硫酸盐侵蚀双重作用下的耐久性能。

根据图 4-16 可知,经过 300 次冻融循环与硫酸盐侵蚀双重作用试验以后,以 100% 再生骨料取代率为例,R100F0、R100F20、R100F40 混凝土的 λ 值为 0.88、0.92、0.89,20% 粉煤灰掺量下 λ 值最大。对于再生骨料取代率为 0、20%、50% 的情况下可以得出相同的结论。由此可以得出,适量掺加粉煤灰可以有效地提高混凝土在冻融循环与硫酸盐侵蚀双重作用下的耐久性能,在 20% 掺量下再生混凝土耐久性最优。

综合比较图 4 - 16 (a)～图 4 - 16 (c)，可以发现硫酸盐溶液在整个循环过程中对混凝土抗冻性产生负面的影响。实际过程中，硫酸盐溶液对混凝土的抗冻性产生正面与负面两方面的影响。正面影响为在冻融循环与硫酸盐侵蚀双重作用过程中，硫酸盐溶液会进入到孔隙内部，使得孔隙内部的硫酸盐溶液的浓度增大，因此会降低混凝土内部孔隙溶液的凝固点。较低的凝固点可以有效地减少孔隙中自由水的结冰的体积，从而可以减小混凝土的冻融破坏程度。负面影响为硫酸盐溶液进入孔隙内部以后，可以与水泥中的物质反应生成石膏与钙矾石晶体，这些晶体填充在孔隙内部产生膨胀压力，因此会加速混凝土的冻融破坏。在本试验中，在初期负面影响稍大于正面影响，导致在初期硫酸盐侵蚀对于冻融循环的影响较弱；随着循环次数的增加，负面影响增加较为明显，导致硫酸盐侵蚀对于混凝土抗冻性的负面影响持续增大。

4.4　冻融循环与硫酸盐侵蚀双重作用下再生骨料水工混凝土耐久性劣化机理

4.4.1　孔径与硫酸钠溶液对孔隙结冰温度的影响

1. 水与冰的热力学平衡

根据经典的 Gibbs - Thomson 方程：

$$\Delta T = T_0 - T = \frac{2\gamma_{cl}\cos\theta}{\Delta S_f r_{eq}} \tag{4.2}$$

式中　γ_{cl}——冰和水的表面能或者表面张力；

θ——接触角；

r——孔隙半径；

ΔS_f——单位体积融化熵。

从式 (4.2) 可以看出，当温度逐渐降低到 T_0 温度时，大孔中首先形成冰，随着温度的继续降低，冰生长进入尺寸更小的孔隙中。因此温度和孔径大小均是冰形成的影响因素。这一理论可以很好地解释随着再生骨料取代率的增多，一方面，再生混凝土内部的微小孔隙比例增多，就会减小孔隙中的冰结晶的速率，从而提高混凝土的抗冻性能；另一方面，粉煤灰的微小颗粒作用会对混凝土孔隙进行填充，也会减小混凝土孔隙的尺寸，进一步提高混凝土的抗冻性。

2. 硫酸盐溶液对再生骨料水工混凝土孔隙结冰温度影响

考虑纯水的结冰温度为 0℃，即 $T_0 = 237.15$K，即 $S_f = 1.2$MPa/K。根据式 (4.2) 可知，如果 θ 的取值小于 90°时，则混凝土孔隙所受的压力为正，当 θ 的取值为 180°时，混凝土孔隙受到压力最大；且混凝土的孔隙半径越小，则混凝土孔隙内部的溶液凝固点越低。如果 θ 的取值大于 90°时，则表明水结成冰后不会进行融化。因此，本章假设 θ 的取值为 70°。根据文献可知，混凝土中大多数孔隙孔径尺寸在 10nm 左右，此时若在过冷作用下，孔隙结冰需要下降温度为 1.07℃左右，即冰点在−1.07℃左右。

考虑硫酸钠溶液对过冷温度的影响，经过计算表明硫酸钠溶液不仅降低了溶液的冰点，同时也降低了孔隙溶液在过冷的作用下的结冰温度。

4.4.2 冻融循环与硫酸盐侵蚀双重作用机理

混凝土的硫酸盐侵蚀主要有两种类型，包括硫酸盐的物理侵蚀和化学侵蚀。硫酸盐的物理侵蚀主要表现为无水硫酸钠晶体（Na_2SO_4）转换成十水硫酸钠（$Na_2SO_4 \cdot 10H_2O$）晶体的过程中，晶体体积会有所增加，如果在考虑转化过程中水的相对体积的影响，（4.3）式中右边体积比左边两者的体积和还有所下降。

$$Na_2SO_4 + 10H_2O \longrightarrow Na_2SO_4 \cdot 10H_2O \tag{4.3}$$

硫酸盐的化学侵蚀主要包括钙矾石膨胀破坏，石膏膨胀破坏，钙硅石膨胀破坏等破坏形式。硫酸盐侵蚀的过程中不仅发生物理变化同时发生化学变化，因此混凝土硫酸盐侵蚀内部结构的变化较为复杂。这个过程受到混凝土材料本身的性能影响较大，混凝土的水灰比降低可以提高混凝土的力学性能；孔隙率减少可以提高混凝土的密实度；矿物掺合料的掺加可以细化孔隙半径；外掺剂的添加可以优化混凝土的孔隙结构等；这些因素均会提高混凝土的抗硫酸盐侵蚀性能。另一方面，硫酸盐溶液的自身因素包括溶液中阳离子类型、硫酸根离子浓度、溶液温度以及侵蚀溶液的 pH 值等，均对混凝土抗硫酸盐侵蚀性能产生较大的影响。

本章通过分析将再生混凝土在冻融循环与硫酸盐侵蚀双重作用下耐久性劣化过程主要分为三个阶段。①表观损伤期：再生混凝土试件在硫酸盐溶液中进行冻融循环作用，在初期相对动弹模量匀速下降，这一过程主要受到冻融循环与硫酸盐物理侵蚀的双重作用，导致再生混凝土的表面砂浆剥落，从而影响再生混凝土浅层砂浆孔隙结构，宏观上表现为再生混凝土试件相对动弹模量匀速下降。②损伤稳定过渡期：这个阶段内再生混凝土的表面砂浆已经遭到了一定程度的破坏，因此硫酸钠溶液可以快速通过表层进入到混凝土内部孔隙中。这一阶段，一方面，由于孔隙中的硫酸钠溶液的浓度有所增加，硫酸钠溶液不仅降低了孔隙内溶液的冰点，同时也降低了孔隙溶液在过冷的作用下的结冰温度；另一方面，由于在孔隙中逐渐生成了钙矾石与石膏晶体，这些晶体会对于孔隙的空间进行填充，导致孔隙内不可以结冰的自由水有所减少。在这两方面的有利作用下，混凝土在冻融循环的作用下，在宏观表现为相对动弹模量减少较慢，保持一个稳定损伤的状态。③损伤加剧期：随着反应生成的石膏及钙矾石含量的增多，已经完全填充完孔隙空间的时候，就会对于孔隙内壁产生膨胀拉应力，当拉应力大于孔隙内壁的抗拉强度的时候，孔隙内部就会产生裂缝。这些生成的裂缝又会增加孔隙内的自由水含量，进一步加重冻融循环对于混凝土的损伤，最终产生大量微小裂缝导致混凝土内部结构松散。由于微小的裂缝形成以后，进而会在微小裂缝之间不断地扩展与连通，宏观上表现为再生混凝土试件相对动弹模量加速下降。

混凝土中加入再生骨料以后，混凝土内部的孔隙数量增多，且大多数为小尺寸孔隙。根据前文可知，孔径 $d < 10nm$ 的孔隙不会受到冻融循环的作用，一方面，孔隙内部的水量较少，因此凝胶孔基本不受冻融循环损伤；另一方面，在硫酸盐作用下孔隙内部会生成钙矾石与石膏晶体，较多的孔隙可以有效地释放这些晶体造成的膨胀压力。因此，随着再生骨料取代率的增加，混凝土在冻融循环与硫酸盐侵蚀双重作用下具有较好的耐久性。当再生混凝土中掺入适当粉煤灰以后，会发生火山灰反应，消耗了部分容易与硫酸盐反应的氢氧化钙；而且由于粉煤灰颗粒较小，可以有效地填充在孔隙内部减小混凝土的孔径大

小。在这两方面的作用下，硫酸盐溶液进入混凝土孔隙内部受到一定的阻碍作用，因此会减少冻融循环与硫酸盐侵蚀双重作用下混凝土的损伤。

4.5 冻融循环与硫酸盐侵蚀双重作用下再生骨料水工混凝土损伤模型

基于在硫酸钠侵蚀环境的作用下，再生混凝土的材料性能的演化过程，可以得知硫酸盐侵蚀必将导致再生混凝土耐久性损伤的发生。在硫酸钠侵蚀过程中，侵蚀初期的再生混凝土材料内部微裂纹、微孔隙被反应产物填塞，侵蚀后期由于反应产物体积有较大的膨胀且大量产生与堆积，再生混凝土内部微裂纹开始萌发形成，且扩展与连通，因此造成了再生混凝土内部的损伤。试验结果表明：再生混凝土的硫酸钠侵蚀损伤过程是一个不可逆的累积损伤过程。目前，对于再生混凝土硫酸盐侵蚀劣化方程主要考虑抗压强度与相对动弹模量衰变过程。

导致再生混凝土耐久性能产生劣化的相关因素是比较多的，本章考虑实际硫酸盐侵蚀环境下再生混凝土损伤演化计算模型的一般性，及再生骨料取代率、粉煤灰掺量对再生混凝土性能损伤演化过程的影响，对冻融循环与硫酸盐侵蚀双重作用下再生混凝土的损伤计算模型进行研究。

在建立冻融循环与硫酸盐侵蚀双重作用下再生混凝土的损伤模型之前，对于混凝土的损伤模型做出以下假设：

（1）试验前再生混凝土未经过损伤破坏，因此初始损伤度为零。

（2）再生混凝土冻融循环与硫酸盐侵蚀双重作用下损伤只是循环次数的函数，本章中只考虑再生骨料取代率与粉煤灰掺量的影响，不考虑冻融温度范围、硫酸盐浓度、pH 值等其他因素的影响。

（3）再生混凝土所受到的复合损伤值是随着冻融循环与硫酸盐侵蚀双重作用次数的增加而逐渐增大的，且损伤值均为正值。

4.5.1 冻融循环与硫酸盐侵蚀双重作用损伤演化方程基本形式

考虑再生混凝土在冻融循环与硫酸盐侵蚀双重作用过程中，混凝土在冻融循环和硫酸盐侵蚀双重作用下，其相对动弹模量 $E(n)$ 的变化规律为：混凝土在冻融循环和硫酸盐侵蚀双重作用下，其相对动弹模量 $E(n)$ 的损伤基本可以分为三个阶段——匀速下降期（0～75 次）、缓慢下降期（75～150 次）、加速下降期（150～300 次）。因此，在损伤变化过程中有两个拐点，符合三次多项式的表达形式，故选取冻融循环与硫酸盐侵蚀双重作用过程中损伤模型为三次多项式的表达形式。

混凝土试件 R50F40 的动弹模量随冻融循环与硫酸盐侵蚀双重作用次数的变化关系如下：

$$E(n) = -9.84 \times 10^{-9} n^3 + 4.28 \times 10^{-6} n^2 - 9.39 \times 10^{-4} n + 100 \tag{4.4}$$

式中 $E(n)$——混凝土动弹模量值，MPa；

n——混凝土经历的冻融循环与硫酸盐侵蚀双重作用次数。

混凝土试件的动弹模量随循环次数的变化关系如图 4-17 所示。从图中可以看出拟合曲线和试验数据符合情况较好，相关系数为 0.9767。

根据式（3.6），计算混凝土在不同冻融循环与硫酸盐侵蚀双重作用次数后的损伤值，见表 4-3。通过比较表 4-3 与表 3-3 中的数据，可以看出在冻融循环与硫酸盐侵蚀双重作用下再生混凝土的损伤值大于冻融循环试验损伤值。

表 4-3　　　不同冻融循环与硫酸盐侵蚀双重作用次数后混凝土的试验损伤值

冻融循环次数	R100F40	R50F40	R20F40	R0F40
0	0	0	0	0
25	0.03	0.04	0.04	0.05
50	0.032	0.048	0.055	0.064
75	0.041	0.051	0.065	0.074
100	0.045	0.055	0.068	0.076
125	0.043	0.058	0.072	0.081
150	0.048	0.073	0.082	0.095
175	0.069	0.086	0.096	0.109
200	0.073	0.098	0.109	0.122
225	0.097	0.111	0.128	0.137
250	0.119	0.122	0.147	0.16
275	0.122	0.149	0.158	0.1644
300	0.136	0.153	0.168	0.175

将表 4-3 试验数据进行拟合，得到混凝土试件 R50F40 的冻融损伤演化方程：

$$D(n)=9.84\times10^{-9}n^3-4.28\times10^{-6}n^2$$
$$+9.39\times10^{-4}n \qquad (4.5)$$

进一步考虑再生骨料取代率、粉煤灰掺量对混凝土冻融与硫酸盐侵蚀双重损伤的影响，建立混凝土复合损伤演化方程一般形式：

$$D(n)=k(9.84\times10^{-9}n^3-4.28\times10^{-6}n^2$$
$$+9.39\times10^{-4}n) \qquad (4.6)$$

式中　k——再生混凝土材料修正系数。

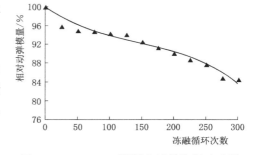

图 4-17　R50F40 混凝土试件的相对动弹模量随冻融循环次数的变化关系

设 $k=k_rk_f$，其中 k_r、k_f 分别为不同再生骨料取代率 r、不同粉煤灰掺量 f 等单因素下试件的损伤修正系数，则混凝土冻融与硫酸盐侵蚀双重作用下损伤演化方程为：

$$D(n)=k_rk_f(9.84\times10^{-9}n^3-4.28\times10^{-6}n^2+9.39\times10^{-4}n) \qquad (4.7)$$

4.5.2　冻融与硫酸盐侵蚀双重作用损伤演化方程修正系数的确定

1. 再生骨料取代率修正系数 k_r 的确定

根据试验结果，再生骨料取代率为 0、20%、50%、100% 时，不同循环次数下的损

伤值分别进行以 $r=50\%$ 的混凝土为标准的归一化处理，此时粉煤灰掺量为 40%。经回归计算得再生骨料取代率修正系数 k_r 与再生骨料取代率的关系为：

$$k_r=0.1266r^2-0.5095r+1.2231 \tag{4.8}$$

2. 粉煤灰掺量修正系数 k_f 的确定

根据试验结果，粉煤灰掺量为 0、20%、40% 时，不同循环次数下的损伤值分别进行以 $f=40\%$ 的混凝土为标准的归一化处理，此时再生骨料取代率为 50%。经回归计算得不同粉煤灰掺量时修正系数 k_f 与粉煤灰掺量的关系为：

$$k_f=6.7988f^2-2.7645f+1.018 \tag{4.9}$$

根据以上分析，可以得到综合考虑再生混凝土材料影响的冻融循环与硫酸盐侵蚀双重作用损伤演化方程：

$$D(n)=(0.1266r^2-0.5095r+1.2231)\times(6.7988f^2-2.7645f+1.018)\times$$
$$(9.84\times10^{-9}n^3-4.28\times10^{-6}n^2+9.39\times10^{-4}n) \tag{4.10}$$

4.5.3　冻融循环与硫酸盐侵蚀双重作用损伤演化方程的验证

表 4-4 表示不同冻融循环与硫酸盐侵蚀双重作用次数下混凝土损伤值的计算结果。由表 4-4 和表 4-3 对比可知，试验损伤值与模型计算损伤值的标准差为 0.0097，可以得出本章拟合得到的冻融循环与硫酸盐侵蚀双重作用损伤演化方程与试验结果符合较好。

表 4-4　　　　　不同冻融循环与硫酸盐侵蚀双重作用次数后混凝土的计算损伤值

冻融循环次数	R100F40	R50F40	R20F40	R0F40
0	0.000	0.000	0.000	0.000
25	0.018	0.021	0.023	0.026
50	0.031	0.037	0.042	0.046
75	0.042	0.050	0.057	0.062
100	0.051	0.061	0.068	0.074
125	0.059	0.070	0.078	0.085
150	0.065	0.078	0.087	0.095
175	0.072	0.086	0.096	0.105
200	0.080	0.095	0.107	0.117
225	0.090	0.107	0.119	0.130
250	0.102	0.121	0.136	0.148
275	0.117	0.139	0.156	0.170
300	0.136	0.162	0.181	0.198

与传统的冻融循环与硫酸盐侵蚀损伤模型相比，上述模型中充分考虑了再生混凝土材料参数以及两者的耦合效应。GB/T 50082—2009《普通混凝土长期性能和耐久性能试验方法标准》规定混凝土的质量损伤率超过 5%，抗压强度损伤率达到 25%，则认为该试件已经失效。上述模型以一个更加稳定的参数—相对动弹模量来计算混凝土的损伤值。即使在试验中设置的损伤阈值较大，混凝土损伤严重，质量损伤率与抗压强度损失率均超过规定值，但是相对动弹模量依然可以有效地反映冻融循环与硫酸盐侵蚀双重作用以后混凝土损伤情况。

4.6 本 章 小 结

本章对再生混凝土进行了冻融循环与硫酸盐侵蚀双重作用试验，主要研究再生骨料取代率以及粉煤灰掺量对再生混凝土冻融循环与硫酸盐侵蚀复合侵蚀性能的影响，揭示了再生混凝土损伤劣化机理，建立了冻融循环与硫酸盐侵蚀双重作用下的损伤模型。主要研究成果如下：

（1）冻融循环与硫酸盐侵蚀双重作用后，混凝土的质量损失率随着冻融次数的增加而增大，且质量损失率均大于冻融循环试验。随着再生粗骨料的增多，混凝土的质量损失率随之增大。在粉煤灰掺量为20％的时候，再生混凝土的质量损失率最小。

（2）混凝土的相对动弹模量随着循环次数的增加而减小。随着再生粗骨料的增多，混凝土的相对动弹模量随之增大。再生骨料取代率为100％与粉煤灰掺量为20％的混凝土剩余相对动弹模量最大。

（3）冻融循环与硫酸盐侵蚀双重作用过程中，相对动弹模量变化主要分为三个阶段：匀速下降期（0～75次）、缓慢下降期（75～150次）、加速下降期（150～300次）。这三个阶段分别对应再生混凝土在冻融循环与硫酸盐侵蚀双重作用中三个损伤阶段：表观损伤期、损伤稳定过渡期、损伤加剧期。

（4）随着循环次数的增加，各组混凝土试件剩余抗压强度逐渐减小。20％与50％再生骨料取代率的时候剩余抗压强度最大，最小值是出现在100％再生骨料取代率下。在粉煤灰掺量为20％的时候，再生混凝土的剩余抗压强度最大。冻融循环和硫酸盐侵蚀双重作用下再生混凝土剩余抗压强度小于冻融循环试验。

（5）冻融循环与硫酸盐侵蚀双重作用下，再生混凝土表层硫酸盐传输性能变化可以分为两个阶段：第一阶段（1～200次），试件表层硫酸盐浓度缓慢增加；第二阶段（200～300次），试件表层硫酸盐浓度增加较快。

（6）硫酸盐溶液对混凝土的抗冻性产生正面与负面两方面影响。正面影响为在冻融循环与硫酸盐侵蚀双重作用过程中，硫酸盐溶液会进入到孔隙内部，使得孔隙内部的硫酸盐溶液的浓度增大，因此会降低混凝土内部孔隙溶液的凝固点。较低的凝固点可以有效地减少孔隙中自由水的结冰的体积，从而可以减小混凝土的冻融破坏程度。负面影响为硫酸盐溶液进入孔隙内部以后，可以与水泥中的物质反应生成石膏与钙矾石晶体，这些晶体填充在孔隙内部产生膨胀压力，加速混凝土的冻融破坏。在本试验中，在初期负面影响稍大于正面影响，硫酸盐侵蚀对于冻融循环的影响较弱；随着循环次数的增加，负面影响增加较为明显，硫酸盐侵蚀对于混凝土抗冻性的影响持续增大。

第5章 冻融循环与碳化双重作用下再生骨料水工混凝土耐久性劣化机理研究

在第4章中，通过开展冻融循环与硫酸盐侵蚀双重作用试验研究发现：在相同配合比情况下，再生混凝土与普通混凝土相比，力学性能与耐久性能存在一定的差异。然而在再生混凝土实际服役过程中，也会受到冻融循环与碳化作用复合侵蚀。然而目前大多学者对于再生混凝土在冻融循环与碳化作用双重作用下的耐久性研究文献较少，对于两种因素之间的相互影响机理研究还不是很深入。

因此，本章对不同再生骨料取代率、不同粉煤灰掺量下再生混凝土进行冻融循环与碳化双重作用试验研究，通过检测再生混凝土质量损失率、相对动弹模量、碳化深度、抗压强度等指标从宏观角度来分析再生混凝土耐久性能变化。通过对比分析不同再生骨料取代率与粉煤灰掺量混凝土在复合侵蚀作用下耐久性能变化，探索再生混凝土耐久性能时变规律的本质原因，阐释再生骨料以及粉煤灰对混凝土耐久性的影响机理。从宏观损伤力学理论出发，建立再生混凝土在冻融循环和碳化双重作用下的损伤演化方程，探讨混凝土随着复合侵蚀作用次数发展的宏观损伤演变规律，为复合侵蚀下再生混凝土耐久性研究及损伤模型建立提供参考和依据。

5.1 试 验 方 案 设 计

5.1.1 试验内容与步骤

试验均采用统一的 100mm×100mm×400mm 的棱柱试件，每组试件 6 块。3 块试件用来测试质量损失率与相对动弹模量，另外 3 块用来测试碳化深度。抗压强度 100mm×100mm×100mm 立方体试件，每组 39 个，用来检测碳化试验以及冻融循环与碳化双重作用试验中再生混凝土抗压强度。分别按照第2章中的 9 组配合比进行试验。粉煤灰掺量为 0 时，有三组配合比混凝土试件：R0F0、R50F0、R100F0；粉煤灰掺量为 20% 时，有三组配合比混凝土试件：R0F20、R50F20、R100F20；粉煤灰掺量为 40% 时，有三组配合比混凝土试件：R0F40、R50F40、R100F40。

1. 碳化试验

（1）试验开始之前，把再生混凝土试件放入干燥箱中干燥 48h。首先将处理好的试件放入混凝土碳化试验箱的支架上面，确保各个再生混凝土试件之间的距离大于 50mm。

（2）将再生混凝土试件放入混凝土碳化试验箱之后，对混凝土碳化试验箱进行封闭处理，随后开启混凝土碳化试验箱的控制按钮，控制箱内的温度为 20℃，湿度为 75%，二氧化碳浓度为 20%。当碳化试验开始后，每隔 4h 对于混凝土碳化箱内的参数进行测量，保证箱内的温度、湿度以及二氧化碳浓度在合理的范围之内。去湿气的硅胶应该经常地更换，保证碳化箱内的湿度可以有效地控制。

（3）经过试验规定的碳化时间以后，如 7d、14d、28d、42d 碳化时间以后，分别取出再生混凝土试件进行破型测定碳化深度。本试验中采用的棱柱体试件应该在万能试验机上从一端开始破型，每次切除的厚度为整个试件厚度的一半，切除后裸露的试件部分用石蜡封好切断面，随后再放入混凝土碳化箱内继续进行碳化试验。

（4）将切除部分的试件断面上的粉末进行清理，随后对断面表面喷上浓度为 1% 的酚酞溶液，放置 30s 以后，按照原来标记的每隔 10cm 的一个测定点进行测量，测试再生混凝土碳化深度。如果事先画好的碳化分界线上正好存在粗骨料时，可以适当的减小两个测点之间的距离，因此可以缩小为 0.5mm 间距进行测量。碳化深度测量见图 5-1。

图 5-1 碳化深度测量

2. 冻融循环与碳化双重作用试验

在冻融循环试验中，再生混凝土试件首先要在水中浸泡 4d 才能开始试验，混凝土试件基本处于水饱和状态，由于 CO_2 在水中的溶解度较低，不可能入侵到混凝土的内部从而发生碳化反应，因此可以认为在冻融循环过程中不存在碳化作用的影响。同样的，混凝土在进行碳化作用之前需要在烘干箱内进行 24h 烘干，混凝土内部的水分较少，且混凝土在碳化箱内的温度为 20℃，因此也不可能发生冻融作用。考虑冻融循环与碳化双重作用试验的过程中，两个因素表现为交替作用。如一些水利工程实际服役工程中，靠近水面及波浪区的再生混凝土多会在冬季与春季发生冻融循环作用，然而在夏季与秋季混凝土主要受到碳化作用的影响。但是混凝土在一年过程中经历碳化作用与冻融循环作用的时间不同，一个因素对于混凝土的作用时间越长，另一个因素的作用时间就会越短。然而实际上，再生混凝土发生碳化作用及冻融破坏的机理完全不同，作用后混凝土内部产生的变化也有所不同。一般情况下混凝土的内部密实度会在冻融循环的作用下有所降低，然而在碳化作用下混凝土的孔隙率会有所减小导致结构更加密实。为了研究碳化作用与冻融循环交替作用下的损伤，本试验中分为两种模型进行试验：一组为先进行冻融循环试验后进行碳化试验；另一组为先进行碳化作用试验后进行冻融循环试验。具体分类如下：

（1）碳化—冻融作用试验：先进行碳化试验，再进行冻融循环试验。先碳化作用 7d，然后进行冻融循环 50 次；以上为一次碳化—冻融作用试验，交替进行直至碳化作用 42d，冻融循环 300 次为止。

（2）冻融—碳化作用试验：先进行冻融循环试验，再进行碳化作用试验。先冻融循环 50 次，然后进行碳化作用 7d；以上为一次冻融—碳化作用试验，交替进行直至冻融循环 300 次，碳化作用 42d 为止。

混凝土冻融循环与碳化双重作用试验中，设计了两个试验方案来分析冻融循环与碳化双重作用对于再生混凝土耐久性的影响机理，且无论是碳化—冻融作用试验以及冻融—碳化作用试验，均能够有效地模拟实际服役过程中再生混凝土的所受到的外界环境因素。两种试验方案具体试验步骤如下：

（1）碳化—冻融作用试验。冻融循环和碳化试验根据 GB/T 50082—2009《普通混凝土长期性能和耐久性能试验方法标准》进行，具体试验步骤如下：

1）根据第 2 章各组混凝土配合比，对再生混凝土试件进行成型并且养护。

2）在碳化—冻融作用试验前将再生混凝土试件放入干燥箱内干燥 24h。然后放入混凝土碳化试验箱，保持碳化试验箱内二氧化碳浓度 20%，湿度为 75%，温度为 20℃。碳化 7d 后取出试件。将测定碳化深度的一组试件通过劈裂试验破裂以后测定其碳化深度，同时将另外一组再生混凝土试块取出，测定再生混凝土抗压强度。

3）将碳化作用 7d 以后的试件浸泡在水中 4d，使再生混凝土试件处于饱水状态，用抹布擦去混凝土试件表面的水分，测定再生混凝土的质量与相对动弹模量。

4）随后将混凝土试件放入混凝土冻融循环试验机，设置循环次数为 50 次，冻融循环结束以后取出长方体再生混凝土试件，测定质量及相对动弹模量。同时将立方体试件从试验机中取出，测定再生混凝土立方体试件的抗压强度。注意：在试件放入冻融循环试验箱后将试件调头装入，以减少试验误差。

5）当再生混凝土冻融循环 50 次后，其余再生混凝土试件从混凝土冻融循环试验机中取出，在自然状态下放置，以上过程为一次碳化—冻融作用试验，随后重复以上操作直至碳化作用 42d，冻融循环 300 次。

（2）冻融—碳化作用试验。冻融循环和碳化试验根据 GB/T 50082—2009《普通混凝土长期性能和耐久性能试验方法标准》进行，具体试验步骤如下：

1）根据第 2 章各组混凝土配合比，对再生混凝土试件进行成型并且养护。

2）在冻融—碳化作用试验前将再生混凝土试件放入水中浸泡 2d。检测每组试件的质量及相对动弹模量。然后放入混凝土冻融循环试验箱，保持混凝土冻融循环试验箱试件中心温度 −18～5℃；冻融液温度 −25～20℃；冻融循环一次历时不超过 4h。冻融循环 50 次以后将试件取出。

3）将剩余试件在室温下放置 2d，然后放入干燥箱内干燥 48h。然后放入混凝土碳化试验箱，保持碳化试验箱内二氧化碳浓度 20%，湿度为 75%，温度为 20℃。碳化 7d 后取出试件，将测定碳化深度的一组试件通过劈裂试验破裂以后测定其碳化深度，同时将另外一组再生混凝土试块取出，测定再生混凝土抗压强度。

4）将碳化作用 7d 以后的试件浸泡在水中 4d，使再生混凝土试件处于饱水状态，用抹布擦去混凝土试件表面的水分，测定再生混凝土的质量与相对动弹模量。

5）当再生混凝土碳化 7d 后，其余再生混凝土试件从混凝土冻融循环试验机中取出，在自然状态下放置，以上过程为一次碳化—冻融作用试验，随后重复以上操作直至冻融循环 300，碳化作用 42d。

5.1.2　试验评价指标

根据 GB/T 50082—2009《普通混凝土长期性能和耐久性能试验方法标准》相关要求，冻融循环试验评定指标为相对动弹模量和质量损失率。碳化试验的评价指标是碳化深度和抗压强度。但是考虑到冻融循环与碳化双重作用时试验数据的分析更有对比性，综合考虑本试验评价指标为混凝土相对动弹模量、质量损失率、剩余抗压强度、碳化深度。

5.2　试 验 结 果 与 讨 论

5.2.1　碳化深度

5.2.1.1　碳化作用下混凝土碳化深度

碳化作用下不同配合比混凝土碳化深度如图 5-2 所示。

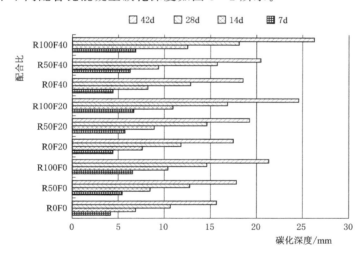

图 5-2　碳化作用下不同配合比混凝土碳化深度

根据图 5-2 可知，混凝土的碳化深度随着时间的增长而增长，最小值出现在 R0F0 混凝土经过 7d 碳化后，碳化深度为 4.2mm；最大值出现在 R00F40 混凝土经过 42d 碳化后，碳化深度为 26.3mm。以 R0F0 混凝土为例进行分析，碳化 14d 以后相比碳化 7d 混凝土碳化深度增长 64.2％，碳化 28d 以后相比碳化 14d 混凝土碳化深度增长 55％，碳化 42d 以后相比碳化 28d 混凝土碳化深度增长 56％。因此可以得出，随着碳化时间的增长，混凝土的碳化深度增长率有所减少。分析原因，主要是因为混凝土为复合多孔材料，因此二氧化碳在入侵的过程中通过表层砂浆层较为容易。但是随着碳化作用的进行，混凝土内部结构会在碳化作用下逐渐加密，导致 28d 以后二氧化碳入侵速率有所下降，因此后期碳化深度增长率较小。

　　根据不同再生骨料取代率下混凝土试件碳化深度的平均值随着碳化时间的关系见图5-3，以及不同粉煤灰掺量下混凝土试件碳化深度的平均值随着碳化时间的关系见图5-4。从图5-3可以看出，随着再生骨料取代率的增加，混凝土的碳化深度随之增加，二者呈线性关系增长。在碳化42d以后，掺加50％与100％再生骨料的混凝土比天然骨料混凝土碳化深度增加了11％与40％。可以得出，再生骨料对于混凝土的碳化作用产生了有利的影响，再生骨料取代率越大，混凝土的抗碳化能力越弱。再生骨料对于混凝土的碳化性能有两方面的作用，一方面，由于再生骨料的表面黏结着大量的旧砂浆，这些砂浆会导致整个混凝土的水灰比增大，因此混凝土中就有更多的氢氧化钙与二氧化碳进行反应，从而提高了混凝土的抗碳化能力；另一方面，由于再生骨料在破碎的过程中，骨料在外力作用下内部会产生微小的裂缝及缺陷，这些裂缝会在混凝土内部形成通道，能够加快二氧化碳入侵混凝土内部的速度。通过试验结果可以看出，再生骨料在以上两种作用共同作用下，后者的作用为主导作用，因此再生骨料取代率的增加会导致混凝土抗碳化能力减弱。

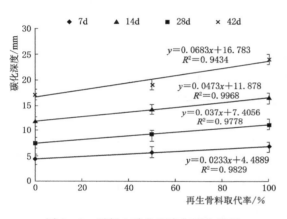

图5-3　混凝土碳化深度与再生骨料
取代率的关系

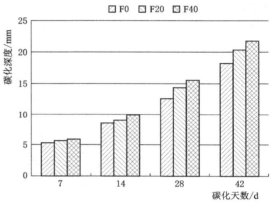

图5-4　混凝土碳化深度与粉煤灰
掺量的关系

　　从图5-4可以看出，随着粉煤灰掺量的增加，混凝土的碳化深度随之增加。可以看到，当碳化42d以后，粉煤灰掺量为0、20％与40％混凝土的平均碳化深度为18.33mm、20.47mm、21.80mm。在碳化7d以后，粉煤灰掺量为0、20％与40％的混凝土碳化深度差别较小，掺加20％与40％粉煤灰的再生混凝土比掺加0％粉煤灰混凝土碳化深度增加5％与9.2％。随着碳化时间的增加，不同粉煤灰掺量下混凝土的碳化深度变化逐渐增大。可以得出，粉煤灰掺量对于混凝土的碳化性能产生不利影响。随着碳化时间的增加，这种不利影响会逐渐增大。粉煤灰对于混凝土的碳化性能也具有两方面的作用，一方面粉煤灰可以改善水泥与再生骨料之间的界面过渡区，由于粉煤灰的微小颗粒作用，它可以有效地减少孔隙之间的连通率，不利于二氧化碳的入侵；此外，由于粉煤灰拌合物中会发生火山灰反应，生成物会填充混凝土孔隙；另一方面，粉煤灰的加入会使得混凝土中的氢氧化钙的含量有所减少，导致混凝土中没有足够的氢氧化钙与二氧化碳进行反应，从而减少混凝土的抗碳化作用性能。通过试验结果可以看出，粉煤灰在两种作用共同作用下，后者的作用为主导作用，因此粉煤灰掺量的增加会导致再生混凝土抗碳化能力减弱。

5.2.1.2　冻融循环与碳化双重作用下混凝土碳化深度

冻融循环与碳化双重作用下混凝土碳化深度见图 5-5 与图 5-6。

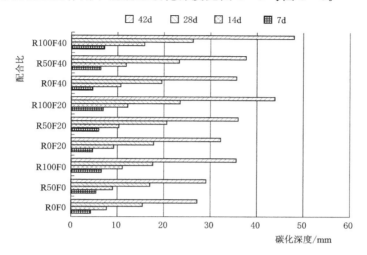

图 5-5　碳化—冻融作用下混凝土碳化深度

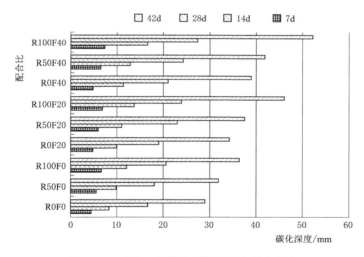

图 5-6　冻融—碳化作用下混凝土碳化深度

根据图 5-5 可知，在碳化—冻融作用下混凝土的碳化深度仍然随着时间的增长而增长。对于 R0F0 混凝土，经过 7d、14d、28d 以及 42d 碳化后混凝土的碳化深度为4.5mm、7.9mm、15.6mm、27.3mm；对于 R50F0 混凝土，经过 7d、14d、28d，以及42d 碳化后混凝土的碳化深度为 5.4mm、9.3mm、17.3mm、29.2mm；对于 R100F0 混凝土，经过 7d、14d、28d 以及 42d 碳化后混凝土的碳化深度为 6.8mm、11.2mm、17.8mm、35.7mm。比较 R100F0、R50F0、R0F0 混凝土碳化深度，R100F0 最大，R50F0 次之，R0F0 混凝土碳化深度最小。可以看出，随着再生骨料取代率的增加，混凝土的碳化深度随之增加。与碳化试验相比，混凝土在碳化—冻融作用下混凝土的碳化深度略有增加。在粉煤灰掺量为20％与40％的混凝土，可以得出相同的结论。对于R0F20混凝土，经过7d、14d、28d以及42d碳化后混凝土的碳化深度为5mm、9.4mm、18.1mm、32.4mm；对于R0F40混凝土，经过7d、14d、28d以及42d碳化后混凝土的碳化深度为5.2mm、10.8mm、19.6mm、35.7mm。比较R0F40、R0F20、R0F0混凝土碳化深度，R0F40最大，R0F20次之，R0F0混凝土的碳化深度最小。可以看出，随着粉煤灰掺量的增加，混凝土的碳化深度随之增加。与碳化试验相比，再生混凝土在碳化—冻融作用下混凝土的碳化深度略有增加。

根据图5-6可知，混凝土在冻融—碳化作用与碳化—冻融作用下碳化深度变化规律相似。对于R0F0混凝土，经过7d、14d、28d以及42d碳化后混凝土的碳化深度为4.6mm、8.5mm、16.8mm、29mm；对于R50F0混凝土，经过7d、14d、28d以及42d碳化后混凝土的碳化深度为5.7mm、9.9mm、18.3mm、32mm；对于R100F0混凝土，经过7d、14d、28d以及42d碳化后混凝土的碳化深度为6.9mm、12.2mm、20.7mm、36.6mm。比较R100F0、R50F0、R0F0混凝土碳化深度，R100F0最大，R50F0次之，R0F0混凝土碳化深度最小。混凝土的碳化深度随着再生骨料取代率的增加而增加。对于R0F20混凝土，经过7d、14d、28d以及42d碳化后混凝土的碳化深度为5mm、10.1mm、19.2mm、34.5mm；对于R0F40混凝土，经过7d、14d、28d以及42d碳化后混凝土的碳化深度为5mm、11.5mm、21.2mm、39.1mm。比较R0F40、R0F20、R0F0混凝土碳化深度，R0F40混凝土最大，R0F20混凝土次之，R0F0混凝土碳化深度最小。可以看出在冻融—碳化作用下，混凝土随着粉煤灰掺量的增加，混凝土的碳化深度随之增加。与碳化试验及碳化—冻融作用试验相比，混凝土在冻融—碳化作用下混凝土的碳化深度均有所增加。

5.2.2 质量损失率

5.2.2.1 碳化—冻融作用下混凝土的质量损失率

根据碳化—冻融作用下再生混凝土的质量损失数据，经历300次冻融循环之后，不同再生骨料取代率以及不同粉煤灰掺量下再生混凝土质量损失率变化曲线分别如图5-7、图5-8所示。

从图5-7中可以看出，经历300次冻融循环以后，天然骨料混凝土（R0F0）的质量损失率与再生混凝土（R50F0、R100F0）的质量损失率存在一定的差异，这些差异随着再生骨料取代率与粉煤灰掺量的不同而有所变化。冻融循环次数小于100次时，再生混凝土试件的质量损失率出现负值，即质量出现增加。出现质量增加的因素主要包含两个方面：一方面，由于碳化作用氢氧化钙生成钙矾石导致质量有所增加；另一方面，由于混凝土在冻融初期，混凝土表面的砂浆量剥落不明显，且再生骨料在拌合的过程不可能是完全饱和的，因此会在混凝土中会吸收一定的水分，导致混凝土质量有所增加。随着冻融循环次数的增加，各组试件的质量损失率均开始增大。在100～200次冻融循环中，混凝土试件的质量损失率缓慢上升。分析原因，主要是混凝土试件在冻融循环与碳化的双重作用下，表面的砂浆逐渐开裂并出现掉渣，因此质量损失率的增长缓慢上升。在200～300次冻融循环过程中，质量损失率增加较快，主要原因为后期混凝土表面剥落严重，因此导致质量损失率上升较为明显。

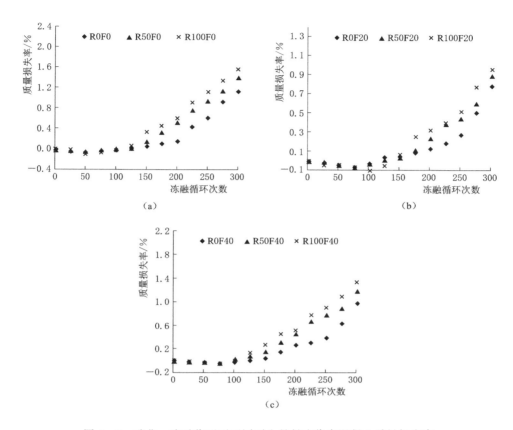

图 5-7　碳化—冻融作用下不同再生骨料取代率混凝土质量损失率

（a）粉煤灰掺量为 0；（b）粉煤灰掺量为 20％；（c）粉煤灰掺量为 40％

从图 5-7 可以看出，经历 150 次冻融循环以后，R0F0、R50F0、R100F0 三组混凝土的质量损失率为 0.35％、0.16％、0.06％。可以看出，在前 150 次冻融循环以后，不同再生骨料取代率下混凝土质量损失相差较小。随着冻融循环次数的增加，再生骨料取代率较高的混凝土试件的质量损失率明显增加。经历 300 次冻融循环以后，R0F0、R50F0、R100F0 三组混凝土的质量损失率为 1.58％、1.42％、1.15％。可以看出，经历 300 次冻融循环以后，混凝土的质量损失率随着再生骨料取代率的增大而增加，再生骨料取代率为 100％的混凝土试件出现最大的质量损失。图 5-7（b）和图 5-7（c）中可得出相同的结论。出现这一现象的主要原因在于孔隙率及吸水率较大的骨料更容易发生 pop-out 效应，导致表面砂浆剥落严重。

通过比较图 5-8（a）、（b）、（c）可以发现，以再生骨料取代率为 100％为例，经历了 300 次冻融循环以后，R100F0、R100F20、R100F40 三组混凝土试件的质量损失率为 1.58％、0.96％、1.35％。可以看出，加入粉煤灰以后，再生混凝土的质量损失率有所改善，均有所减少。可以看出，粉煤灰掺量为 20％时，混凝土经过冻融循环以后质量损失率最小。主要原因为粉煤灰可以有效地减少再生混凝土的孔隙率，改善混凝土的孔隙结构，从而增加再生混凝土的耐久性。

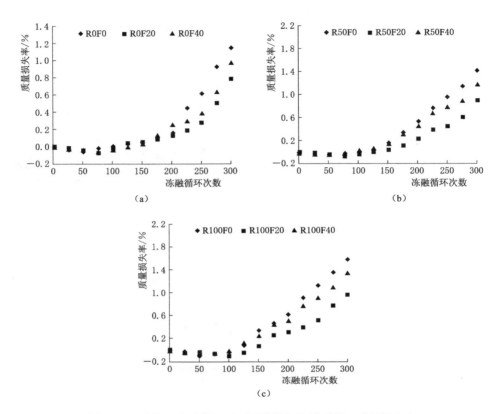

图 5-8   碳化—冻融作用下不同粉煤灰掺量混凝土质量损失率

（a）再生骨料取代率为 0；（b）再生骨料取代率为 50%；（c）再生骨料取代率为 100%

5.2.2.2   冻融—碳化作用下混凝土的质量损失率

根据冻融—碳化作用下混凝土的质量变化数据，经过 300 次冻融循环以后不同再生骨料取代率以及不同粉煤灰掺量下混凝土质量损失率变化曲线分别见图 5-9、图 5-10。

从图 5-9 可以看出，经历 150 次冻融循环以后，R0F0、R50F0、R100F0 混凝土的质量损失率为 0.17%、0.24%、0.1%。可以看出，在前 150 次冻融循环以后，不同再生骨料取代率下再生混凝土质量损失率相差较小。随着冻融循环次数的增加，掺加再生骨料的试件的质量损失率明显增加。经历 300 次冻融循环以后，R0F0、R50F0、R100F0 混凝土的质量损失率为 1.84%、1.58%、1.27%。可以看出，经历 300 次冻融循环以后，混凝土的质量损失率随着再生骨料取代率的增大而增加，再生骨料取代率为 100% 的混凝土试件出现最大的质量损失。图 5-9（b）、图 5-9（c）中也得出了相同的结论。出现这一现象的主要原因在于孔隙率及吸水率较大的骨料更容易发生 pop-out 效应，导致表面砂浆剥落严重。

通过比较图 5-10（a）、（b）、（c）可以发现，以再生骨料取代率为 100% 为例，经历了 300 次冻融循环以后 R100F0、R100F20、R100F40 混凝土的质量损失率为 1.84%、1.11%、1.69%。可以看出，加入粉煤灰以后，再生混凝土的质量损失率有所改善，均有

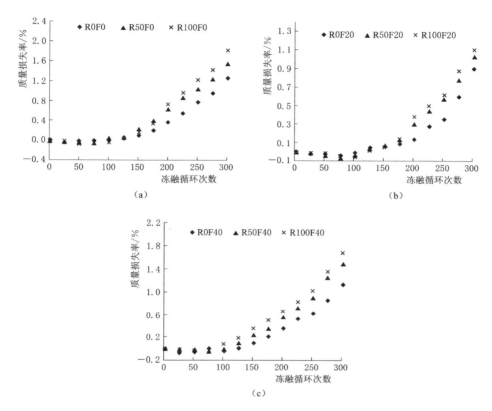

图 5-9 冻融—碳化作用下不同再生骨料取代率混凝土质量损失率
（a）粉煤灰掺量为 0；（b）粉煤灰掺量为 20%；（c）粉煤灰掺量为 40%

所减少。可以看出，粉煤灰掺量为 20% 时，再生混凝土经过冻融循环以后质量损失率最小。主要原因为粉煤灰可以有效地减少再生混凝土的孔隙率，改善混凝土的孔隙结构，从而增加再生混凝土的耐久性。

综上所述，综合比较碳化—冻融作用试验、冻融—碳化作用试验及冻融循环试验下的质量损失率可以发现：在 3.2.2 节冻融循环作用下，再生混凝土的质量损失率最大值出现在 R100F0 混凝土经过 300 次冻融循环以后，质量损失率为 2.13%；在碳化—冻融作用试验中，再生混凝土的质量损失率最大值出现在 R100F0 混凝土经过 300 次冻融循环及 42d 碳化作用以后，质量损失率为 1.58%；在冻融—碳化作用试验中，再生混凝土的质量损失率最大值出现在 R100F0 混凝土经过 42d 碳化作用及 300 次冻融循环以后，质量损失率为 1.84%。在不同的三组试验方案下，质量损失率的最大值均出现在 R100F0 混凝土中，说明再生骨料取代率的增加使得混凝土在冻融循环中表面损伤破坏更加严重。但是有所不同的是，在这三种试验方案下，混凝土经过侵蚀以后质量损失率的大小有所不同，分析可得：碳化—冻融作用试验下质量损失率最小，冻融—碳化作用试验下质量损失率次之，冻融循环作用下混凝土质量损失率最大。由此可以说明经过碳化作用以后，对于混凝土冻融循环后表观损伤具有一定的抑制作用。

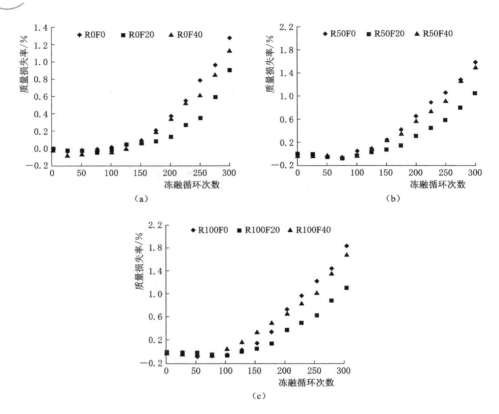

图 5-10 冻融—碳化作用下不同粉煤灰掺量混凝土质量损失率

(a) 再生骨料取代率为 0;(b) 再生骨料取代率为 50%;(c) 再生骨料取代率为 100%

5.2.3 相对动弹模量

5.2.3.1 碳化—冻融作用下混凝土的相对动弹模量

碳化—冻融作用下混凝土的相对动弹模量数据见图 5-11。根据图 5-11 分析混凝土经历 300 次冻融循环之后,不同再生骨料取代率以及不同粉煤灰掺量对于混凝土相对动弹模量影响规律。

由图 5-11 分析,混凝土的相对动弹模量随着循环次数的增大而逐渐减小。然而在试验前期混凝土的相对动弹模量变化不明显,曲线变化趋于平缓。随着循环次数的进一步增加,相对动弹模量减小速率逐渐加快。另外,从图中可以看出与天然骨料混凝土相比,随着再生骨料取代率与粉煤灰掺量的改变,对混凝土的相对动弹模量会产生一定的影响,具体包括以下几个方面:

1. 再生骨料水工混凝土相对动弹模量时变规律

可以看出,再生混凝土在碳化—冻融作用过程中经历 300 次冻融循环主要分为两个阶段:

第一阶段:缓慢过渡期(0~100 次)。从图 5-11 中可以看出,在 0~100 次冻融循环过程中,混凝土的相对动弹模量曲线基本呈一条平缓的直线。分析原因:一方面,前期再生混凝土的冻融循环作用对于混凝土表面的破坏程度较轻;另一方面,由于碳化作用导

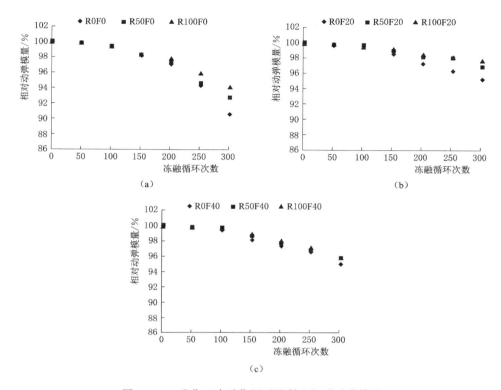

图 5-11　碳化—冻融作用下混凝土相对动弹模量

（a）粉煤灰掺量为 0；（b）粉煤灰掺量为 20%；（c）粉煤灰掺量为 40%

致混凝土表层砂浆的密实度增大，因此可以有效地减少混凝土在冻融循环过程中的砂浆表层剥落。

第二阶段：匀速下降期（100～300 次）。这一阶段内再生混凝土的相对动弹模量逐渐开始下降。可以看到冻融循环 200 次左右时，相对动弹模量的下降依然较为平缓。随着冻融循环次数增加至 250 次以后，再生混凝土相对动弹模量下降速率才开始增加。总体来看，从 100～300 次冻融循环过程中，为一个匀速下降的阶段。

2. 再生骨料取代率对于相对动弹模量的影响

从图 5-11（a）可以看出，在碳化—冻融作用过程中经历 100 次冻融循环以后，R0F0、R50F0、R100F0 三组试件的相对动弹模量为 99.34%、99.39%、98.40%。可以看出，经过前 100 次冻融循环以后，不同再生骨料取代率下再生混凝土相对动弹模量基本没有变化。表明在这个时间段内，在碳化与冻融循环双重作用下，对于混凝土的内部结构影响较小，且与再生骨料取代率的相关性较小。随着冻融循环次数的增加，不同掺量再生粗骨料对于再生混凝土碳化及冻融循环性能产生一定的影响。经历 300 次冻融循环以后，R0F0、R50F0、R100F0 三组试件的相对动弹模量为 90.65%、92.78%、94.26%。可以看出，经历 300 次冻融循环以后，混凝土的相对动弹模量随着再生骨料取代率的增大而增加，再生骨料取代率为 100% 的混凝土试件出现最大的相对动弹模量。图 5-11（b）、（c）中数据也可以验证以上得出的结论。

3. 粉煤灰掺量对于相对动弹模量的影响

通过比较图 5-11（a）～（c）可以发现，以再生骨料取代率为 100％为例，在碳化—冻融作用过程中经历了 300 次冻融循环以后，R100F0、R100F20、R100F40 三组试件的相对动弹模量为 94.26％、97.82％、95.89％。可以看出，加入粉煤灰以后，再生骨料的相对动弹模量有所改善，损失量均有所减少。而且可以得出，加入 20％的粉煤灰时，再生混凝土经过冻融—碳化作用以后相对动弹模量最大。

5.2.3.2　冻融—碳化作用下混凝土的相对动弹模量

冻融—碳化作用下混凝土的相对动弹模量数据见图 5-12。根据图 5-12 可以分析混凝土经历 300 次冻融循环之后，不同再生骨料取代率以及不同粉煤灰掺量对于混凝土相对动弹模量影响规律。

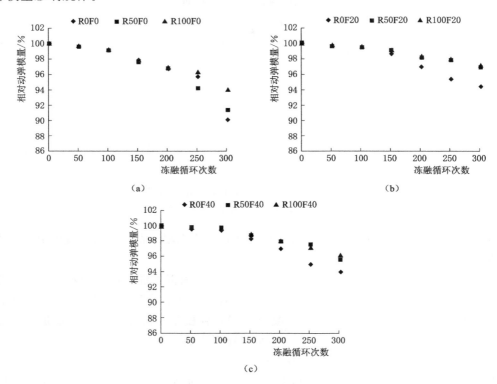

图 5-12　冻融—碳化作用下混凝土相对动弹模量
（a）粉煤灰掺量为 0；（b）粉煤灰掺量为 20％；（c）粉煤灰掺量为 40％

由图 5-12 可以看出，随着冻融循环次数的逐渐增大，不同掺量下再生混凝土相对动弹模量均有所变化，均出现逐渐减小的趋势。再生混凝土在冻融—碳化作用过程中经历300 次冻融循环仍然可以分为两个阶段：第一阶段，缓慢过渡期（0～100 次）；第二阶段，匀速下降期（100～300 次）。通过分析可得，冻融—碳化作用试验与碳化—冻融作用过程中，再生骨料取代率与粉煤灰掺量对于混凝土的影响规律一致。但是相比冻融—碳化作用试验，碳化—冻融作用下再生混凝土的相对动弹模量较高，表明碳化—冻融作用试验对于再生混凝土的内部损伤小于冻融—碳化作用试验。

5.2.4 剩余抗压强度

各组不同配合比混凝土立方体试件经历碳化试验、碳化—冻融作用试验、冻融—碳化作用下的抗压强度数据见表 5-1、表 5-2、表 5-3。

5.2.4.1 碳化作用下混凝土剩余抗压强度

根据表 5-1 可以看出，再生混凝土经过 7d 碳化作用以后，再生混凝土抗压强度出现了不同程度的增长。以未掺加粉煤灰混凝土为例，R0F0、R50F0、R100F0 混凝土经过 7d 的碳化作用以后抗压强度分别增长 9.9%、8.9%、4.8%。混凝土的抗压强度在 7~14d 碳化过程中出现了持续的增长。R0F0、R50F0、R100F0 混凝土经过 7~14d 的碳化作用以后抗压强度增长 5.8%、6.4%、3.5%。可以看出 7~14d 再生混凝土抗压强度的增长值小于 0~7d，表明随着碳化作用的进行混凝土的抗压强度增长速率有所减小。14~28d 碳化过程中，混凝土的抗压强度出现了一定量的减少；R0F0、R50F0、R100F0 经过 14d 的碳化作用以后，混凝土的抗压强度减少 3.9%、9.1%、9.9%。分析原因是随着碳化作用的进行，混凝土内部的氢氧化钙均参与碳化作用，用于水化反应的氢氧化钙含量减少，因此混凝土的抗压强度有所降低。28~42d 碳化过程中，混凝土的抗压强度进一步减小；R0F0、R50F0、R100F0 混凝土经过 7d 的碳化作用以后抗压强度分别减少 11.7%、12.8%、11.8%。可以看出，随着碳化作用的进行，混凝土内部的抗压强度减少率大于 14~28d。可以分析，随着混凝土碳化作用的进行，混凝土的抗压强度减少率逐渐增大。

表 5-1 不同碳化天数下再生混凝土抗压强度

配合比	抗压强度/MPa				
	养护 28d	碳化 7d	碳化 14d	碳化 28d	碳化 42d
R0F0	55.15	60.63	64.15	61.6	54.36
R50F0	51.62	58.43	62.19	56.53	49.28
R100F0	47.36	49.65	51.43	46.32	40.86
R0F20	50.32	54.75	57.62	50.18	42.38
R50F20	48.31	52.65	56.97	49.51	38.46
R100F20	42.55	47.79	52.82	46.95	31.36
R0F40	47.98	52.03	54.99	49.25	37.62
R50F40	43.76	48.21	52.32	43.31	33.22
R100F40	39.65	37.63	42.15	31.37	24.45

经过 42d 碳化作用以后，混凝土剩余抗压强度与再生骨料取代率以及粉煤灰的关系见图 5-13。从图中可以看出，随着再生骨料取代率的增加，剩余抗压强度呈线性趋势下降。因此再生骨料的加入对于混凝土碳化性能产生不利影响。另外，可以发现：未掺加粉煤灰的混凝土大于 20% 与 40% 掺量混凝土的剩余抗压强度，可以得出：粉煤灰的掺加对于再生混凝土的碳化性能产生不利影响。

5.2.4.2 碳化—冻融作用下混凝土剩余抗压强度

根据表 5-2 可以看出，再生混凝土经过 7d 碳化作用与 50 次冻融循环以后，再生混凝土抗压强度出现了不同程度的增长。以未掺加粉煤灰混凝土为例，R0F0、R50F0、

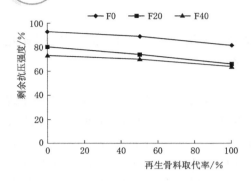

图 5-13　42d 碳化作用下混凝土
剩余抗压强度

R100F0 经过 50 次冻融循环作用以后混凝土的抗压强度增长 7.6％、7.4％、1.6％。混凝土经过 14d 碳化作用与 100 次冻融循环后，混凝土的抗压强度开始减少，R0F0、R50F0、R100F0 混凝土的抗压强度减少 7.2％、7.7％、15.6％。随着混凝土经历 28d 碳化以及 200 次冻融循环，混凝土的抗压强度出现持续减少，这段时间内 R0F0、R50F0、R100F0 混凝土的抗压强度减少 5％、4.5％、22.9％。经过 42d 碳化与 300 次冻融循环以后，混凝土的抗压强度加速降低，R0F0、R50F0、R100F0 混凝土的抗压强度减少 20.8％、29.1％、35％。可以看出随着碳化—冻融作用的进行，混凝土的抗压强度出现了先增大后减小的趋势。分析可知，由于到 200 次冻融循环以后，混凝土表面的砂浆掉落比较严重，碳化作用与冻融循环对于混凝土的内部损伤逐渐加剧，因此抗压强度降低加快。

表 5-2　　　　　碳化—冻融作用下混凝土抗压强度

配合比	抗 压 强 度/MPa				
	养护 28d	碳化 7d＋ 冻融循环 50 次	碳化 14d＋ 冻融循环 100 次	碳化 28d＋ 冻融循环 200 次	碳化 42d＋ 冻融循环 300 次
R0F0	55.15	59.38	55.1	52.32	41.41
R50F0	51.62	57.61	53.15	50.72	35.96
R100F0	47.36	48.15	40.64	31.62	20.55
R0F20	50.32	55.15	51.41	46.52	36.60
R50F20	48.31	52.74	48.1	44.78	34.15
R100F20	42.55	44.79	38.52	29.11	18.85
R0F40	47.98	51.29	46.8	41.45	33.15
R50F40	43.76	47.45	42.27	38.13	29.52
R100F40	39.65	34.42	29.24	22.36	12.93

图 5-14 中具体反映了经碳化—冻融作用试验后，不同再生骨料取代率以及不同粉煤灰掺量下，再生混凝土的剩余抗压强度的变化规律。

1. 再生骨料取代率对于剩余抗压强度的影响

从图中可以看出，随着再生骨料取代率的增加，剩余抗压强度出现了先增大后减小的趋势。通过比较图 5-14 中可以发现，以未掺加粉煤灰混凝土为例，经历了 300 次冻融循环以后，R0F0、R50F0、R100F0 三组试件的剩余抗压强度为 67.8％、63.9％、38.5％。可以看出，在 50％再生骨料取代率的时候，再生混凝土剩余抗压强度达到最大值。然而，100％再生骨料取代率时，再生混凝土剩余抗压强度最小。而且，对于粉煤灰掺量为 0 与 40％的配合比试件组中，也可以得出相同的结论：50％再生骨料取代率对于再生混凝土冻融循环与碳化双重作用后力学能性最优。由此可以看出，适量的掺加再生骨料可以有效地减少碳化及冻融循环对再生混凝土力学性能的损伤。

2. 粉煤灰掺量对于剩余抗压强度的影响

通过比较图 5-14 可以发现，以再生骨料取代率为 100% 为例，经历了 300 次冻融循环以后，R100F0、R100F20、R100F50 三组试件的剩余抗压强度为 38.5%、39.1%、32.4%。可以看出，在 20% 粉煤灰掺量的时候，再生混凝土剩余抗压强度达到最大值。然而，40% 粉煤灰掺量时，再生混凝土剩余抗压强度有所减少，但是仍然大于未掺加粉煤灰混凝土剩余抗压强度。而且，对于再生骨料取代率为 20% 与 50% 的混凝土试件组

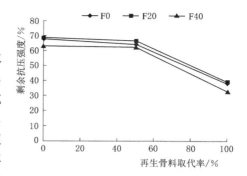

图 5-14　碳化—冻融作用下混凝土
剩余抗压强度

中，也可以得出相同的结论：20% 的粉煤灰掺量对于再生混凝土冻融循环与碳化后力学能性最优。由此可以看出，适量的掺加粉煤灰可以有效地减少碳化及冻融循环对再生混凝土力学性能的损伤。

5.2.4.3　冻融—碳化作用下混凝土剩余抗压强度

根据表 5-3 可以看出，再生混凝土经过 50 次冻融循环与 7d 碳化作用以后，再生混凝土抗压强度出现了轻微的增长。以未掺加粉煤灰混凝土试件为例，R0F0、R50F0、R100F0 经过 7d 的碳化作用以后，混凝土的抗压强度增长 0.1%、0.2%、0.1%。相比碳化—冻融作用下的抗压强度，先冻融情况下的抗压强度增长值有所减小。分析原因：由于先进行碳化试验会导致混凝土表层的密实性增大，从而能够降低水分进入到混凝土内部发生冻融破坏；然而先冻融的情况下，混凝土的表面砂浆会有所破坏，会加速碳化作用的进行，因此导致抗压强度增长值减小。100 次冻融循环及 14d 碳化作用以后，混凝土的抗压强度出现下降趋势，R0F0、R50F0、R100F0 混凝土的抗压强度减小 9%、8.6%、19.5%。200 次冻融循环与 28d 碳化作用以后，混凝土的抗压强度继续降低，R0F0、R50F0、R100F0 混凝土的抗压强度减小 11.7%、14.9%、28%。经过 42d 碳化作用以后，混凝土的抗压强度进一步减小。R0F0、R50F0、R100F0 混凝土的抗压强度减少 26.3%、22%、32.4%。分析混凝土抗压强度变化过程可知，随着交替作用的进行，混凝土内部的抗压强度表现为先增大后减小的规律。

表 5-3　　　　　　　　　　冻融—碳化作用下混凝土抗压强度

配合比	抗 压 强 度/MPa				
	养护 28d	冻融循环 50 次＋碳化 7d	冻融循环 100 次＋碳化 14d	冻融循环 200 次＋碳化 28d	冻融循环 300 次＋碳化 42d
R0F0	55.15	55.23	50.24	44.36	32.65
R50F0	51.62	51.73	47.23	40.15	31.26
R100F0	47.36	47.4	38.11	27.42	18.51
R0F20	50.32	50.45	45.62	40.18	31.38
R50F20	48.31	48.65	43.97	37.51	30.46
R100F20	42.55	42.88	36.82	25.42	17.53

配合比	抗 压 强 度/MPa				
	养护28d	冻融循环50次+碳化7d	冻融循环100次+碳化14d	冻融循环200次+碳化28d	冻融循环300次+碳化42d
R0F40	47.98	48.41	44.03	38.24	30.10
R50F40	43.76	43.98	41.26	35.29	27.69
R100F40	39.65	39.63	33.38	25.62	10.25

图 5-15 中具体反映了冻融—碳化作用试验后，不同再生骨料取代率以及不同粉煤灰掺量下，再生混凝土的剩余抗压强度的变化规律。

1. 再生骨料取代率对于剩余抗压强度的影响

从图中可以看出，随着再生骨料取代率的增加，剩余抗压强度出现了先增大后减小的趋势。通过比较图 5-15 中可以发现，以未掺加粉煤灰混凝土试件为例，经历了 300 次冻融循环以后，R0F0、R50F0、R100F0 三组试件的剩余抗压强度为 53.4%、55.5%、34.7%。可以看出，在 50%再生骨料取代率的时候，再生混凝土剩余抗压强度达到最大值。因此与碳化—冻融作用下结论相似：50%的再生骨料取代率对于再生混凝土冻融循环与碳化性后力学能性最优。

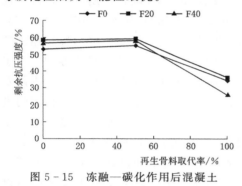

图 5-15 冻融—碳化作用后混凝土剩余抗压强度

2. 粉煤灰掺量对于剩余抗压强度的影响

通过比较图 5-15 可以发现，以再生骨料取代率为 100% 为例，经历了 300 次冻融循环以后，R100F0、R100F20、R100F50 三组试件的剩余抗压强度为 34.9%、36.4%、26%。可以看出，在 20%粉煤灰掺量的时候，再生混凝土剩余抗压强度达到最大值。因此与碳化—冻融作用下的结论相似：20%的粉煤灰掺量对于再生混凝土冻融循环与碳化性后力学能性最优。

综上所述，碳化—冻融作用试验与冻融—碳化作用试验中再生骨料与粉煤灰掺量对于力学性能的影响相似，但是在碳化—冻融作用下的剩余抗压强度均大于冻融—碳化作用试验，表明碳化—冻融作用试验对于再生混凝土的力学性能影响小于冻融—碳化作用试验。与冻融循环作用下再生混凝土剩余抗压强度相比，冻融循环与碳化作用双重作用后再生混凝土剩余抗压强度有所减少，由此可以得出：冻融循环与碳化作用双重作用对于混凝土的内部结构损伤大于冻融循环作用，碳化作用的进行对于再生混凝土的内部冻融循环损伤有一定的促进作用。

5.3 再生骨料水工混凝土碳化深度与其力学性质关系研究

目前，较多学者对于普通混凝土碳化深度与其力学性能之间的关系进行了研究，并建立了一些碳化深度的经验公式，对混凝土碳化深度与其强度、水灰比、外界温度湿度之间的相关性进行研究。其中几种较为成熟的碳化模型有：中科院提出的混凝土多系数碳化模型；西安建筑科技大学牛荻涛教授等根据工程实测资料，建立的考虑混凝土抗压强度参数标准碳化模型；张誉等根据混凝土的碳化机理，分别考虑混凝土水灰比以及水泥用量的影响，得出相应的混凝土碳化模型；Neves 等研究了自然碳化与加速碳化作用下混凝土碳化深度与碳化时间之间的关系，定义了一个加速碳化系数 k_{ac}，其表达式为

$$d_c = \frac{k_{ac}}{k_e}\sqrt{t} \tag{5.1}$$

式中 d_c——混凝土的碳化深度；

   k_{ac}——加速碳化系数；

   k_e——环境参数，二氧化碳浓度为 20% 的时候取 9.9；

   t——碳化时间。

加速碳化系数 k_{ac} 与混凝土抗压强度 f_c 存在下列关系：

$$k_{ac} = a f_c^b \tag{5.2}$$

对于式（5.2），不少学者已经应用在再生混凝土的碳化研究中，具有一定的研究基础。故本章考虑使用加速碳化系数 k_{ac} 对碳化作用以及冻融循环与碳化作用双重作用下抗压强度相关性进行研究。根据式（5.1）与式（5.2）可以得到不同试验下再生混凝土加速碳化系数与抗压强度之间的关系见图 5-16、图 5-17、图 5-18。

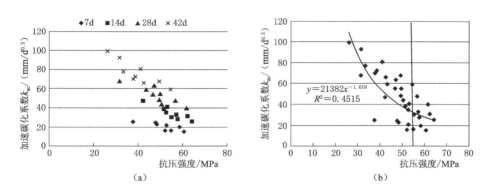

图 5-16   碳化试验中混凝土加速碳化系数与抗压强度之间的关系
(a) 散点图；(b) 拟合曲线

从图 5-16 (a) 可以看出，随着再生混凝土抗压强度的增加，混凝土的加速碳化系数呈现逐渐减小的趋势。分析可以得出，在 7d 碳化以后，再生混凝土的加速碳化系数随着抗压强度减小的趋势较为平缓；但是随着碳化天数的增加，再生混凝土的加速碳化系数逐渐增加，并且再生混凝土的加速碳化系数随着抗压强度的减小而逐渐加剧。到达 56d 碳化以后，再生混凝土的加速碳化系数最大。

从图 5-16 (b) 中可以明显看出，当再生混凝土的抗压强度小于 55MPa 时，加速碳化系数处于范围 18～100mm/d$^{0.5}$，变化幅度较大；再生混凝土的抗压强度大于 55MPa，加速碳化系数的变化范围有一定幅度的减小，变化范围为 16～60mm/d$^{0.5}$。表明在再生混凝土的碳化作用过程中，再生混凝土的抗压强度存在一个阈值。当小于这个阈值时，再生

混凝土中孔隙结构较为疏松，碳化作用较为明显，因此表现出再生混凝土的加速碳化系数变化较快；当再生混凝土的抗压强度达到或大于这个阈值后，混凝土中的孔隙结构较为密实，因此会减少二氧化碳在混凝土孔隙中的传输，导致其加速碳化系数会逐渐减小，且随着抗压强度的增加变化较慢。根据试验数据对加速碳化系数于再生混凝土抗压强度进行拟合，得到了混凝土加速碳化系数与抗压强度之间的关系式为幂函数分布，见式（5.3），该方程与文献中所得出的加速碳化系数与抗压强度之间关系方程一致。

$$k_{ac} = 21382 f_c^{-1.619} \tag{5.3}$$

从图 5-17（a）可以明显地看出，经过碳化—冻融作用试验以后，混凝土的抗压强度数值有所减小，且加速碳化系数峰值增加较为明显，最大值达到 $180\text{mm/d}^{0.5}$。分析可知，在 7d 碳化以后，再生混凝土的加速碳化系数随着抗压强度减小的趋势仍然比较平缓，但是可以看出经过冻融循环的影响以后，加速碳化系数的分布范围较大。碳化—冻融作用试验中，随着碳化时间的增加，加速碳化系数随之增大。

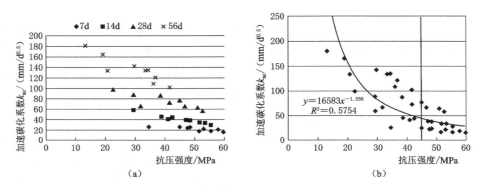

图 5-17　碳化—冻融作用下混凝土加速碳化系数与抗压强度之间的关系
(a) 散点图；(b) 拟合曲线

从图 5-17（b）中可以明显看出，当再生混凝土的抗压强度小于 45MPa 时，加速碳化系数处于范围 $19\sim180\text{mm/d}^{0.5}$，变化幅度较大；再生混凝土的抗压强度大于 45MPa，加速碳化系数的变化幅度明显减小，变化范围为 $19\sim75\text{mm/d}^{0.5}$。再生混凝土的抗压强度仍然存在一个阈值为 45MPa。与碳化试验相比，碳化—冻融作用试验出现的抗压强度的阈值较小，表明在碳化—冻融作用试验中加速碳化系数随着抗压强度减小的速率较大，碳化作用较明显。根据试验数据对加速碳化系数与再生混凝土抗压强度进行拟合，得到了混凝土加速碳化系数与抗压强度之间的关系式为幂函数分布，见式（5.4）。

$$k_{ac} = 16583 f_c^{-1.556} \tag{5.4}$$

根据图 5-18 分析。经过冻融—碳化作用试验以后，再生混凝土加速碳化系数峰值有所增加，最大值达到 $200\text{mm/d}^{0.5}$，相比碳化—冻融作用试验加速碳化系数峰值增加 $20\text{mm/d}^{0.5}$。从图中可以看出，抗压强度为 45MPa 仍然为冻融—碳化作用试验中加速碳化系数随着抗压强度减小的阈值，抗压强度大于 45MPa 以后，加速碳化系数减小速率明显降低。根据试验数据对加速碳化系数与再生混凝土抗压强度进行拟合，得到了混凝土加速碳化系数与抗压强度之间的关系式为幂函数分布，见式（5.5）。

$$k_{ac}=15629f_c^{-1.572} \tag{5.5}$$

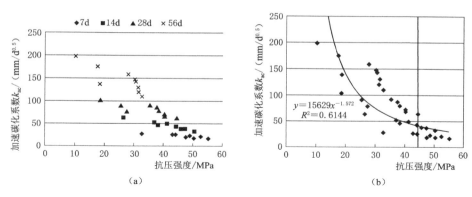

图 5-18　冻融—碳化作用下混凝土加速碳化系数与抗压强度之间的关系
(a) 散点图；(b) 拟合曲线

5.4　冻融循环与碳化性能的相互影响分析

5.4.1　冻融循环对于再生骨料水工混凝土碳化性能影响分析

在冻融循环与碳化侵蚀双重作用试验中，本节为了研究冻融循环对碳化性能的影响，定义再生混凝土冻融循环对于碳化性能的影响系数 λ_F，表达式如下：

$$\lambda_F=d_{F+C}/d_C \tag{5.6}$$

式中　λ_F——冻融循环对于碳化性能的影响系数；

d_{F+C}——冻融循环与碳化作用双重作用下混凝土碳化深度；

d_C——碳化作用下混凝土碳化深度。

对于式（5.6），当 $\lambda_F=1$，表示冻融循环对碳化作用没有影响；当 $\lambda_F>1$，表示冻融循环对碳化作用产生负面影响，λ_F 值越大，负面影响越显著；当 $\lambda_F<1$，表示硫酸盐侵蚀对冻融循环产生正面影响，λ_F 值越小，正面影响越显著。

根据再生混凝土在碳化—冻融作用试验与碳化试验中碳化深度数据可以得出不同时期内 λ_F 的取值，碳化—冻融作用下不同再生骨料取代率混凝土 λ_F 平均值随着碳化时间变化关系如图 5-19 所示，不同粉煤灰掺量混凝土 λ_F 平均值随着碳化时间变化关系如图 5-20 所示。

从图 5-19 与图 5-20 可以看出，随着碳化时间的增加，冻融循环对于碳化性能的影响系数 λ_F 逐渐增大。可以看出 7d 与 14d 碳化以后，λ_F 值略大于 1，表明这个时间段内冻融循环对于混凝土的碳化作用起到促进作用，有利于碳化作用的发展。分析原因可知，经过前期的碳化—冻融作用以后，首先混凝土的内部结构会在碳化的作用下变得密实，随后混凝土受到冻融循环破坏。这个阶段内，混凝土碳化作用起到了主要作用，冻融循环起到次要作用。再生混凝土试件会在冻融循环的作用下表面的砂浆会受到损伤，因此会出现砂浆掉落的现象，从而会破坏二氧化碳进入混凝土内部的第一层"屏障"。然而碳化 42d 以

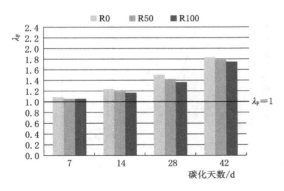

图 5-19　碳化—冻融作用下 λ_F 值随着
再生骨料取代率变化关系

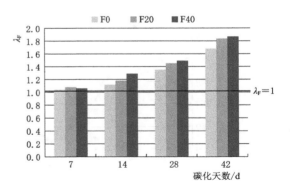

图 5-20　碳化—冻融作用下 λ_F 值随着
粉煤灰掺量变化关系

后，混凝土也经历了 300 次冻融循环破坏。在这个阶段内，冻融循环作用起到主要作用，碳化作用起到了次要作用。混凝土在冻融循环的作用下，混凝土的内部结构变得较为疏松，这会促进二氧化碳进入混凝土内部，从而加速碳化作用的发展。到达 42d 碳化以后，混凝土的冻融循环对于碳化性能的影响系数 λ_F 达到了 1.84，表明冻融循环促进碳化作用的进行，且促进作用较大。

从图 5-19 可以看出，在碳化—冻融作用试验中，冻融循环对于碳化性能的影响系数 λ_F 随着再生骨料取代率的增加而增大。经过 7d 碳化以后，掺加 0、50%、100% 再生骨料的混凝土的 λ_F 值为 1.08、1.05、1.05；经过 42d 碳化以后，掺加 0、50%、100% 再生骨料的混凝土的 λ_F 值为 1.76、1.78、1.84。再生混凝土经过碳化—冻融作用试验后，未掺加再生骨料的混凝土的 λ_F 值最大，且大于 1。表明掺加再生骨料后有利于混凝土的碳化性能。分析原因，混凝土中加入再生骨料以后，一方面，由于骨料在拌和过程中不可能是饱和的，因此再生粗骨料在拌和过程中可以加入额外的气泡，这些微小气泡有利于混凝土有效地释放冻融循环过程中产生的冻融压力；另一方面，由于再生骨料的表面会黏结一部分旧砂浆，这些旧砂浆中包含着大量的气泡，因此会增加混凝土中的孔隙率，从而降低再生混凝土的抗冻性。由于再生粗骨料可以有效地减少碳化—冻融作用试验中冻融循环的破坏作用，因此会减少混凝土内部结构的破坏，从而阻止二氧化碳进入到混凝土的内部，减少碳化深度。

从图 5-20 可以看出，在碳化—冻融作用试验中，冻融循环对于碳化性能的影响系数 λ_F 随着粉煤灰掺量的增加而减少。经过 7d 碳化以后，掺加 0、20%、40% 粉煤灰混凝土的 λ_F 值为 1.04、1.08、1.06；经过 42d 碳化以后，掺加 0、20%、40% 粉煤灰混凝土的 λ_F 值为 1.68、1.84、1.87。分析可知随着再生混凝土经过碳化—冻融作用试验的进行，掺加 40% 粉煤灰掺量混凝土的 λ_F 值最大，且大于 1。表明掺加粉煤灰后不利于混凝土的碳化性能。分析原因是混凝土中加入不同掺量粉煤灰以后，一方面，由于拌和物中的氢氧化钙的含量较少，没有足够的碱量与二氧化碳进行反应，从而降低混凝土的碳化性能；另一方面，由于混凝土中粉煤灰发生火山灰反应的时间较长，导致混凝土在养护 28d 以后的强度较低，因此会影响混凝土的抗冻性，造成混凝土内部结构破坏，从而加速了二氧化碳的入侵。

根据再生混凝土在冻融—碳化作用试验与碳化试验中碳化深度数据可以得出不同时期内 λ_F 的取值，冻融—碳化作用下不同再生骨料取代率混凝土 λ_F 平均值随着碳化时间变化关系如图 5-21 所示，不同粉煤灰掺量混凝土 λ_F 平均值随着碳化时间变化关系如图 5-22 所示。

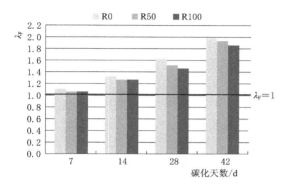

图 5-21　冻融—碳化作用下 λ_F 值随着
再生骨料取代率变化关系

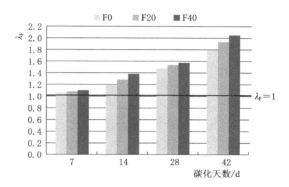

图 5-22　冻融—碳化作用下 λ_F 值随着
粉煤灰掺量变化关系

从图 5-21 与图 5-22 可以看出，冻融—碳化作用试验中，随着碳化时间的增加，冻融循环对于碳化性能的影响系数 λ_F 逐渐增大。碳化 7d 以后，λ_F 的值略大于 1，表明这个阶段内冻融循环对于碳化作用的促进较小。与碳化—冻融作用试验碳化 7d 以后 λ_F 值相比变化不大。分析原因，由于碳化 7d 以后，这两种试验方案下混凝土冻融循环仅仅经历了 50 次。初始 50 次冻融循环以后，混凝土的表面以及内部的结构破坏仍然较小，因此冻融循环对于混凝土的损伤较小。在 7d 碳化时间内，这两种试验下 λ_F 值差别较小。碳化 42d 以后，冻融—碳化作用试验后 λ_F 的最大值为 1.97，比碳化—冻融作用下 λ_F 的最大值增长 7%。因此可以得出：冻融—碳化作用试验下冻融破坏对于碳化的促进作用大于碳化—冻融作用试验。随着碳化天数及混凝土冻融循环次数的增加，冻融破坏对于混凝土的内部结构影响较为明显，会导致混凝土的内部孔隙连通，出现较大的裂纹。由于先碳化后冻融作用下，混凝土表面砂浆首先会在碳化的作用下结构加密，可以抑制后期冻融循环的破坏。然而，在先冻融后碳化作用下。混凝土表面砂浆首先会在冻融循环的作用下松动开裂，有利于后期碳化作用中二氧化碳的入侵。

从图 5-21 可以看出，在冻融—碳化作用试验中，冻融循环对于碳化性能的影响系数 λ_F 随着再生骨料取代率的增加而增大。经过 7d 碳化以后，掺加 0、50%、100% 再生骨料的混凝土的 λ_F 值为 1.1、1.05、1.06；经过 42d 碳化以后，掺加 0、50%、100% 再生骨料的混凝土的 λ_F 值为 1.97、1.93、1.86。再生混凝土经过冻融—碳化作用试验后，未掺加再生骨料的混凝土的 λ_F 值最大，且大于 1。从图 5-22 可以看出，在冻融—碳化作用试验中，冻融循环对于碳化性能的影响系数 λ_F 随着粉煤灰掺量的增加而减少。经过 7d 碳化以后，掺加 0、20%、40% 粉煤灰混凝土的 λ_F 值为 1.04、1.08、1.06；经过 42d 碳化以后，掺加 0、20%、40% 粉煤灰混凝土的 λ_F 值为 1.68、1.84、1.87。再生混凝土经过碳化—冻融作用试验后，掺加 40% 粉煤灰混凝土的 λ_F 值最大，且大于 1。表明随着粉煤灰掺量的增加，冻融循环对于混凝土的碳化性能影响增大。

5.4.2　碳化作用对于再生骨料水工混凝土抗冻性影响分析

在冻融循环与碳化作用双重作用试验中，本节为了研究碳化作用对冻融循环的影响，定义再生碳化作用对于冻融循环的影响系数 λ_C，表达式如下：

$$\lambda_C = RDME_{F+C} / RDME_F \tag{5.7}$$

式中　　λ_C——碳化作用对于冻融循环的影响系数；

$RDME_{F+C}$——冻融循环与碳化双重作用下的相对动弹模量；

$RDME_F$——冻融循环作用下的相对动弹模量。

对于式（5.7），当 $\lambda_C = 1$，表示碳化作用对冻融循环没有影响；当 $\lambda_C < 1$，表示碳化作用对冻融循环产生正面影响，λ_C 值越小，正面影响越显著；当 $\lambda_C > 1$，表示碳化作用对冻融循环产生负面影响，λ_C 值越大，负面影响越显著。

根据冻融循环与碳化双重作用试验与冻融循环试验中的相对动弹模量数据可以得出不同时期内 λ_C 的取值。碳化—冻融作用试验中不同再生骨料取代率混凝土 λ_C 平均值随着冻融循环次数变化关系如图 5-23 所示，不同粉煤灰掺量混凝土 λ_C 平均值随着冻融循环次数变化关系如图 5-24 所示。

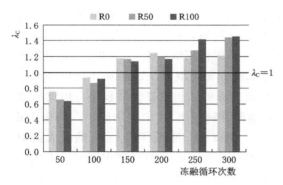

图 5-23　碳化—冻融作用下 λ_C 值随着再生骨料取代率变化关系

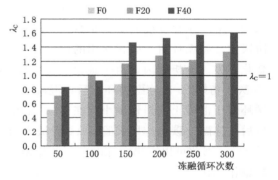

图 5-24　碳化—冻融作用下 λ_C 值随着粉煤灰掺量变化关系

从图 5-23 与图 5-24 可以分析，随着冻融循环次数的增加，碳化作用对于混凝土抗冻性的影响系数 λ_C 逐渐增大。经过 50 次与 100 次冻融循环以后，可以看到 λ_C 值小于 1。表明这个时间段内碳化作用对于混凝土的冻融循环破坏起到抑制作用，对于再生混凝土的抗冻性有利。分析原因可知，经过前期的碳化—冻融相互作用以后，混凝土内部结构首先会在碳化的作用下变得密实，随后混凝土受到冻融循环破坏。由于碳化作用导致混凝土的表面砂浆强度增大，表面致密性增强，因此会阻止可以发生冻胀破坏的自由水进入混凝土内部。然而经过 150 次冻融循环以后，λ_C 值大于 1。表明从 150 次冻融循环以后，碳化作用对于混凝土的冻融破坏起到促进作用。分析原因：在这个阶段内，混凝土的表面砂浆开始逐渐出现掉渣现象，促进二氧化碳进入到混凝土内部，从而加速二氧化碳与混凝土内部成分反应，进一步加速冻融循环对于混凝土的破坏。因此，到达 300 次冻融循环以后，混凝土的碳化作用对于抗冻性的影响系数 λ_C 达到了 1.58，表明碳化作用促进冻融破坏的发展，且随着冻融循环次数的增大而增大。

从图 5-23 可以看出，在碳化—冻融作用试验中，碳化作用对于冻融抗冻性的影响系数 λ_C 随着再生骨料取代率的增加而增大。经过 150 次冻融循环以后，掺加 0、50%、100% 再生骨料的混凝土的 λ_C 值为 1.18、1.18、1.14；经过 300 次冻融循环以后，掺加 0、50%、100% 再生骨料的混凝土的 λ_C 值为 1.22、1.43、1.45。再生混凝土经过碳化—冻融作用试验后，掺加 100% 再生骨料的混凝土的 λ_C 值最大，且大于 1。表明掺加再生骨料后碳化作用对于再生混凝土抗冻性影响较大。分析原因，混凝土中加入再生骨料以后，有利于再外界的二氧化碳进入到混凝土的内部发生碳化作用，由于二氧化碳与氢氧化钙反应从而消耗了混凝土中的碱含量，从而影响水化反应导致混凝土强度降低，因此会加重再生混凝土的冻融破坏程度。从图 5-24 可以看出，在碳化—冻融作用试验中，冻融循环对于碳化性能的影响系数 λ_C 随着粉煤灰掺量的增加而减少。经过 150 次冻融循环以后，掺加 0、50%、100% 再生骨料的混凝土的 λ_C 值为 0.87、1.17、1.46；经过 300 次冻融循环以后，掺加 0、50%、100% 再生骨料的混凝土的 λ_C 值为 1.18、1.33、1.58。分析可知随着再生混凝土经过碳化—冻融作用试验的进行，掺加 40% 粉煤灰掺量混凝土的 λ_C 值最大，且大于 1。表明掺加粉煤灰后碳化作用影响混凝土的抗冻性。再生混凝土中加入粉煤灰以后，随着粉煤灰掺量的增加，混凝土的力学性能会有所降低；另外随着粉煤灰掺量增加，会增加再生混凝土的碳化作用，从而导致混凝土的力学性能进一步降低，因此在碳化作用下对于混凝土的冻融循环破坏产生促进作用。

冻融—碳化作用下 λ_C 值变化规律见图 5-25 与图 5-26。可以看出随着冻融循环次数的增加，碳化作用对于混凝土抗冻性的影响系数 λ_C 逐渐增大。冻融—碳化作用下，再生骨料取代率与粉煤灰掺量对于 λ_C 的值影响规律一致。但是在碳化—冻融作用试验中 λ_C 的最大值为 1.58，冻融—碳化作用试验中 λ_C 的最大值为 1.66，表明在先进行冻融循环试验的方案下碳化作用对于混凝土抗冻性能影响较大。

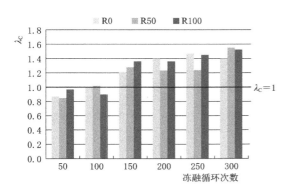

图 5-25 冻融—碳化作用下 λ_C 值随着
再生骨料取代率变化关系

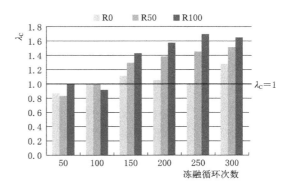

图 5-26 冻融—碳化作用下 λ_C 值随着
粉煤灰掺量变化关系

5.5　冻融循环与碳化双重作用下再生骨料
水工混凝土耐久性劣化机理

混凝土的碳化作用是指混凝土材料中的碱性物质与混凝土所处环境中的二氧化碳发生反应，生成碳酸钙等产物的化学变化过程。再生混凝土硬化以后主要是由水、空气、矿物掺合料、水泥水化生成物、未水化的水泥、粗细骨料等共同组成的气—液—固三相平衡体系。混凝土所处环境中的二氧化碳可以渗透到混凝土中，随后与混凝土孔隙中的液体成为液相，并与水泥石反应生成石膏、硅酸三钙、硅酸二钙、铝酸三钙、铁铝酸四钙等产物。当混凝土发生碳化作用后，会生成一定量的石膏晶体，各个反应物的化学反应方程如下：

$$CO_2 + Ca(OH)_2 \longrightarrow CaCO_3 + 3H_2O \tag{5.8}$$

$$C-S-H + CO_2 \longrightarrow CaCO_3 + SiO_2 \cdot nH_2O \tag{5.9}$$

$$3CaO \cdot Al_2O_3 \cdot 3CaSO_4 \cdot 32H_2O + 3CO_2 \longrightarrow$$

$$Al_2O_3 \cdot xH_2O + CaCO_3 + 3(CaCO_3 \cdot 2H_2O) + (26-x)H_2O \tag{5.10}$$

$$3CaO \cdot Al_2O_3 \cdot 3CaSO_4 \cdot 32H_2O + 3CO_2 \longrightarrow Al_2O_3 \cdot 6H_2O + 3CaCO_3 \tag{5.11}$$

$$2CaO \cdot SiO_2 + 2CO_2 + nH_2O \longrightarrow 2CaCO_3 + SiO_2 \cdot nH_2O \tag{5.12}$$

在碳化作用的过程中，水泥中的碱性物质会与二氧化碳反应生成碳酸钙。碳酸钙在水溶液中不会进行溶解，且其在水溶液中体积会发生膨胀。因此，混凝土的孔隙结构就会被生成的碳酸钙所堵塞，导致混凝土内的孔隙体积减小和密实度增加，这一过程反过来也会阻止外界的二氧化碳进入孔隙内部发生碳化反应。根据如图 5-27 所示，二氧化碳在混凝土孔隙内部扩散过程可以归纳为以下几点：

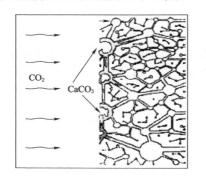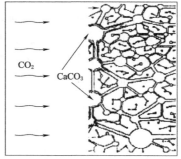

图 5-27　碳化作用试验中二氧化碳在混凝土孔隙内部扩散过程

（1）由于孔隙中有水分的存在，其可以与混凝土所处环境温度与湿度之间通过温湿平衡从而形成了较为稳定的孔隙水膜。

（2）二氧化碳气体通过混凝土孔隙结构进入到混凝土内部，在孔隙中的水分中进行溶解，从而促进混凝土中的碱性物质氢氧化钙不断地进行溶解与消耗。

（3）二氧化碳与氢氧化钙反应生成了不溶于水且具有膨胀性的碳酸钙产物，另外 C-S-H、C_3S、C_2S 等物质也会在混凝土内部发生碳化反应。

（4）碳化反应产物会对混凝土表层孔隙结构造成堵塞，靠近混凝土表面的孔隙通道被生成的碳酸钙填充，因而会影响二氧化碳进入孔隙内部，抑制混凝土碳化作用的进行。

在碳化—冻融作用试验中，首先进行碳化作用试验，再生混凝土表面的砂浆及浅层混凝土的结构可以在碳化作用下变得更加密实；随后进行冻融循环试验，在冻融的作用下混凝土的表面砂浆强度会逐渐减小，导致混凝土砂浆剥落，形成连接外界与混凝土内部的通道。随着碳化作用与冻融循环的交替进行，二氧化碳可以快速地进入到混凝土的内部发生碳化反应。由于碳化作用的进行会消耗掉混凝土中的氢氧化钙，因此会导致用于参加水化反应的碱性物质减少，从而影响混凝土的强度。由于强度的降低，混凝土经过冻融循环作用后内部的微小裂纹的扩展就会更加迅速，从而加速了混凝土的损伤。因此再生混凝土在碳化—冻融作用试验中相对动弹模量的减少值大于冻融循环试验，剩余抗压强度小于冻融循环试验剩余抗压强度。

在冻融—碳化作用试验中，首先进行冻融循环试验，混凝土会在冻融循环的作用下表面砂浆剥落，内部结构出现松散。随后再生混凝土进行碳化作用试验，一方面，由于碳化作用后生成了碳酸钙会填充到孔隙内部导致混凝土的密实度有所增加，导致混凝土内部结构破坏较慢；另一方面，由于碳化反应需要消耗水泥中的大量的氢氧化钙，导致氢氧化钙从水泥基体中逐渐溶解出来；随着冻融循环与碳化作用的交替进行，部分胶凝体以及氢氧化钙不断从水泥基体中被溶解并消耗，从而会在混凝土中形成新的孔隙。然而这些新生成的孔隙大多数都是不封闭的，这些孔隙会在冻融循环的过程中逐渐扩展贯通，对于再生混凝土造成更大的破坏。这一过程可以有效地解释再生混凝土在冻融循环与碳化双重作用试验中的相对动弹模量的变化过程，即再生混凝土经历冻融循环与碳化双重作用过程中，相对动弹模量变化主要分为两个阶段：缓慢过渡期、匀速下降期。

5.6 冻融循环与碳化双重作用下再生骨料水工混凝土的损伤模型

根据 5.2 节混凝土相对动弹模量数据可知，混凝土在冻融循环和碳化双重作用下，其相对动弹模量 $E(n)$ 的变化规律为主要分为两个阶段：第一个阶段为平缓过渡期；第二个阶段为快速下降期。混凝土的相对动弹模量 $E(n)$ 与冻融循环次数 n 的关系可以用函数关系来表示。通过数据拟合软件来分析得到混凝土相对动弹模量 $E(n)$ 与冻融循环次数 n 的关系可以用二次多项式来表达。

5.6.1 冻融损伤演化方程基本形式

碳化—冻融作用后再生混凝土试件 R50F40 的相对动弹模量随冻融循环次数的变化关系如下

$$E(n) = -4.03795 \times 10^{-5} n^2 - 2.352 \times 10^{-3} n + 100 \tag{5.13}$$

根据式（3.6），计算混凝土在不同冻融循环次数后的损伤值，见表 5-4。

将表 5-4 的结果中试验数据进行拟合，得到 R50F40 混凝土试件的碳化—冻融作用损伤演化方程为

$$D(n) = k_r k_f (4.04 \times 10^{-7} n^2 + 2.352 \times 10^{-5} n) \tag{5.14}$$

表5-4　　　　　　　　不同冻融循环与碳化双重作用次数后混凝土的试验损伤值

冻融次数	R0F40	R50F40	R100F40
0	0	0	0
50	0.003	0.0025	0.0018
100	0.0057	0.0035	0.0028
150	0.019	0.013	0.01
200	0.0267	0.0225	0.019
250	0.033	0.0321	0.028
300	0.0495	0.0422	0.0411

5.6.2　碳化—冻融作用下损伤演化方程修正系数的确定

1. 再生骨料取代率修正系数 k_r 的确定

根据试验结果，再生骨料取代率为0、20%、50%、100%时，不同循环次数的冻融损伤分别进行以50%的再生骨料取代率混凝土为标准的归一化处理，此时粉煤灰掺量为40%。经回归计算得到不同再生骨料时修正系数 k_r 与再生骨料取代率的关系为

$$k_r = 0.2938r^2 - 0.4929r + 1.173$$

(5.15)

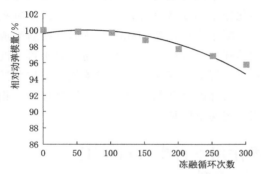

图5-28　R50F40混凝土相对动弹模量随冻融循环次数的变化关系

2. 粉煤灰掺量修正系数 k_f 的确定

根据试验结果，粉煤灰掺量为0、20%、40%时，不同循环次数的相对动弹模量分别进行以 $f = 40\%$ 的混凝土为标准的归一化处理，此时再生骨料取代率为50%。经回归计算得不同粉煤灰掺量时修正系数 k_f 与粉煤灰掺量的关系为

$$k_f = 15.818f^2 - 8.1f + 1.71$$

(5.16)

根据以上分析，可以得到综合考虑再生混凝土材料影响的碳化—冻融作用试验损伤演化方程为

$$D(n) = (0.2938r^2 - 0.4929r + 1.173) \times (15.818f^2 - 8.1f + 1.71) \times$$
$$(4.04 \times 10^{-7}n^2 + 2.352 \times 10^{-5}n)$$

(5.17)

5.6.3　碳化—冻融作用损伤演化方程的验证

表5-5为混凝土在不同循环次数下碳化—冻融作用试验演化方程的计算损伤值。由表5-4和表5-5对比可知，试验损伤值与模型计算损伤值的标准差为0.0018，可以得出本章提出的碳化—冻融作用损伤演化方程与试验结果符合较好。

表 5-5　　　　　　　　不同冻融循环与碳化双重作用次数后混凝土的计算损伤值

冻融循环次数	R0F40	R50F40	R100F40
0	0.000	0.000	0.000
50	0.003	0.002	0.002
100	0.007	0.006	0.006
150	0.015	0.013	0.012
200	0.024	0.021	0.020
250	0.037	0.031	0.030
300	0.051	0.043	0.042

5.7　本　章　小　结

本章通过再生混凝土冻融循环与碳化双重作用试验，揭示了再生混凝土损伤劣化机理，建立了再生混凝土在冻融循环与碳化双重作用下的损伤模型。主要研究成果如下：

（1）在碳化试验中，随着再生骨料取代率与粉煤灰掺量的增多，混凝土的碳化深度随之增大。冻融循环与碳化双重作用试验下碳化深度大于碳化试验碳化深度。

（2）经过冻融循环与碳化双重作用后，且各组混凝土的平均质量损失率随着循环次数的增加出现先减小后增大的趋势。碳化—冻融作用下质量损失率大于冻融—碳化作用下质量损失率，且前两者均小于冻融循环试验后质量损失率。随着再生粗骨料的增多，混凝土的质量损失率随之增大。在粉煤灰掺量为 20％的时候，再生混凝土的质量损失率最小。

（3）混凝土的相对动弹模量随着循环次数的增加而减小。再生骨料取代率为 100％与粉煤灰掺量为 20％时的试件剩余相对动弹模量最大。碳化—冻融作用下相对动弹模量大于冻融—碳化作用下相对动弹模量，且前两者均小于冻融循环试验后相对动弹模量。

（4）再生混凝土经历 300 次冻融循环与碳化双重作用过程中，相对动弹模量变化主要分为两个阶段：缓慢过渡期（0～100 次）和匀速下降期（100～300 次）。

（5）在碳化作用下，再生骨料取代率为 0 时剩余抗压强度最大；在冻融循环与碳化双重作用下，再生骨料取代率为 50％时剩余抗压强度最大。碳化—冻融作用下相对剩余抗压强度大于冻融—碳化作用下剩余抗压强度，且两者均小于碳化试验后剩余抗压强度。

（6）再生混凝土碳化深度与力学性质之间的关系表明：再生混凝土在冻融循环与碳化双重作用损伤过程中，再生混凝土的抗压强度均存在一个阈值，当小于这个阈值时，再生混凝土中加速碳化系数变化速率较大，因而表现为再生混凝土碳化作用加快；当再生混凝土的抗压强度达到或大于这个阈值后，再生混凝土中的加速碳化系数变化速率变化较小，随着抗压强度的增加，再生混凝土中碳化深度增长速率较小。

第6章 基于核磁共振技术的再生骨料水工混凝土孔隙结构复合侵蚀损伤机理研究

再生混凝土作为一种由骨料、水泥、外加剂等组成的多相复合材料,其损伤破坏一般是各种初始微缺陷(如孔隙、微裂纹)的萌生、扩展、贯通的损伤发展劣化过程。因此,需要深入探明再生混凝土在复合侵蚀作用下的损伤破坏机理,就必须对材料的微观损伤特征进行研究。本章主要采用混凝土核磁共振分析系统,对经过复合侵蚀作用前后的再生混凝土试样进行孔隙率与孔隙分布测试,分析再生混凝土的孔隙结构特征随着配合比参数的变化规律,揭示再生混凝土孔隙结构复合损伤演化特性。

6.1 采用核磁共振技术测试孔隙结构的基本原理

由于混凝土本身没有核磁信号,因此在核磁共振检测的过程中是对混凝土孔隙中的水分进行检测。当混凝土孔隙内充满水分时,水分量等同于孔隙体积,所以核磁共振技术测得的孔隙率能够真实地反映出混凝土的实际孔隙率。采用核磁共振技术测量混凝土孔隙率的方法是:首先对于核磁共振的标准样品进行定标,根据标定样品的核磁共振测量结果为基础,建立混凝土孔隙率与核磁信号之间的线性关系曲线;最后采用核磁共振技术测量混凝土试件,根据前面定标好的信号幅度进行换算,即可得到混凝土的孔隙率。

T_2 表示流体弛豫时间,根据图6-1可以看出 T_2 分布曲线上存在一个截止值,当弛豫时间小于这个截止值时,混凝土孔隙内部的流体为束缚流体;当弛豫时间大于这个截止值时,混凝土孔隙内部的流体为自由流体。

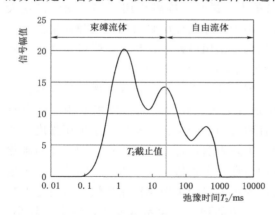

图6-1 T_2 分布区分束缚流体和自由流体

根据核磁共振原理,核磁共振总的横向弛豫速率 $1/T_2$ 可以表示为:

$$\frac{1}{T_2} = \frac{1}{T_{2自由}} + \rho_2 \left(\frac{S}{V}\right)_{孔隙} + \frac{D(\gamma GT_E)^2}{12}$$ (6.1)

式中 $T_{2自由}$ ——混凝土孔隙内流体自由弛豫时间,ms;

S ——混凝土孔隙表面积,cm²;

V——混凝土孔隙体积，cm^3；

ρ_2——核磁共振测量时横向表面弛豫强度，$\mu m/ms$；

D——扩散系数；

γ——旋磁比，$rad/(S \cdot T)$；

G——磁场梯度，Gs/cm；

T_E——回波时间，ms。

当混凝土孔隙中溶液单一以及周围磁场较为均匀时，因此式（6.1）可以简化为

$$\frac{1}{T_2} = \rho_2 \left(\frac{S}{V}\right)_{\text{孔隙}} \tag{6.2}$$

由式（6.2）可以看出，弛豫的速率取决于质子与表面碰撞的频繁程度，即取决于孔隙的表面积与体积之比（S/V）。因此，横向弛豫时间 T_2 分布反映了孔隙尺寸信息，T_2 值越小，代表孔隙越小；孔隙大，T_2 值也大。

根据文献可知，T_2 分布与孔径分布相似，因此对应于 T_2 的孔半径可以确定如下：

$$r = CT_2 \tag{6.3}$$

式中 C——一个恒定的转换系数，$\mu m/ms$。

C 可以通过恒速水银喷射毛细管压力试验来计算。根据文献选取本试验中 C 值为 $0.008\mu m/ms$。

根据式（6.3），可以进行弛豫时间 T_2 与孔隙半径 r 之间的转化，因此图 6-1 可以转化为以孔隙半径 r 为横坐标的孔隙分布曲线，如图 6-2 所示。对于混凝土孔隙的分类，一般分为以下几种：①小孔，孔径 $d < 10nm$；②中孔，孔径 $10nm \leqslant d < 50nm$；③大孔，孔径 $50nm \leqslant d < 1000nm$；④裂缝，孔径 $d \geqslant 1000nm$。

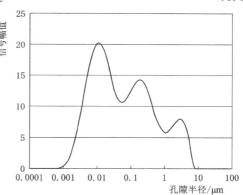

图 6-2　混凝土孔隙分布曲线

6.2　混凝土孔隙结构测试试验概况

本试验采用的西安理工大学水工实验室采购的上海纽迈科技有限公司生产的 MesoMR23-060H-1 核磁共振仪与混凝土离心真空饱和装置。

MesoMR23-060H-1 型核磁共振检测仪外形如图 6-3 所示。该核磁共振检测系统对于混凝土样品检测无损伤，且对操作人员没有辐射，对于同一混凝土试样可以进行多次反复测试，仪器操作简单，数据误差小等，目前在岩土行业应用较为广泛。真空饱和装置为上海纽迈电子科技有限公司自行生产，如图 6-4 所示。

核磁共振试验试件采用直径为 50mm，高度为 100mm 的混凝土圆柱体试件。首先将这些圆柱体试件按照第 2~4 章中的试验方案进行试验，到达规定的循环次数以后，取出试件进行核磁共振试验测试。试验开始之前，首先对再生混凝土试件进行抽真空饱和，采用真空饱和装置抽气时间为 4h，抽完以后在清水中浸泡 24h。随后利用 MiniMR-60 核磁

共振仪进行核磁共振测试。在混凝土试样放入核磁共振仪之前，在圆柱体试件表面包裹一层保鲜膜，防止在试验过程中的水分流失导致孔隙数据出现误差。

图 6-3　MesoMR23-060H-1 型核磁共振检测仪　　　　图 6-4　混凝土真空饱和装置

6.3　冻融循环作用下混凝土孔隙结构演化规律研究

6.3.1　冻融循环作用下混凝土孔隙率分析

各组配合比下再生混凝土初始孔隙率（ρ_0）与经过 300 次冻融循环以后试件孔隙率（ρ_{300}）数值见表 6-1。

表 6-1　　　　　　　　　　经过 300 次冻融循环以后混凝土孔隙率

配合比	再生骨料 /%	粉煤灰 /%	孔隙率 ρ_0 /%	孔隙率 ρ_{300} /%	变化率	A
R0F0	0	0	3.95	5.07	0.28	0.000832
R20F0	20	0	4.10	5.12	0.25	0.000741
R50F0	50	0	4.36	5.43	0.25	0.000732
R100F0	100	0	4.85	5.63	0.16	0.000497
R0F20	0	20	3.80	4.82	0.27	0.000793
R20F20	20	20	4.02	5.01	0.25	0.000734
R50F20	50	20	4.24	5.26	0.24	0.000719
R100F20	100	20	4.59	5.30	0.15	0.000479
R0F40	0	40	3.74	4.79	0.28	0.000825
R20F40	20	40	3.91	4.95	0.27	0.000786
R50F40	50	40	4.10	5.05	0.23	0.000695
R100F40	100	40	4.50	5.39	0.20	0.000602

通过对比混凝土初始孔隙率，可以发现：随着再生骨料取代率的增加，再生混凝土试件的孔隙率增加。在未冻融循环之前，R100F0、R50F0、R20F0 混凝土比 R0F0 混凝土孔隙率增加 4.8％、11％、24％；R100F20、R50F20、R20F20 混凝土比 R0F20 混凝土孔隙率增加 5.7％、11％、20.7％；R100F40、R50F40、R20F40 混凝土比 R0F40 混凝土孔隙率增加 4.5％、9.6％、20.3％。分析原因，一方面，是再生骨料的表面粘有较多的砂浆，砂浆中会含有较多的微小孔隙；另一方面，在再生骨料破碎成型的过程中，由于受到外界的机械压力作用，再生骨料的内部以及界面过渡区上会产生一些微小裂隙。这两方面原因都会造成再生混凝土孔隙率增大，导致混凝土的渗透性增加。

通过分析可以发现，混凝土的孔隙率随着冻融循环次数的增加而增大。可以看出，经过 300 次冻融循环，各组再生混凝土试件出现了不同的孔隙率变化。在经过 300 次冻融循环以后，R0F0、R20F0、R50F0、R100F0 混凝土孔隙率增加 28％、25％、25％、16％；R0F0 混凝土孔隙率变化最大。对于粉煤灰掺量为 20％的混凝土，R0F20、R20F20、R50F20、R100F20 混凝土孔隙率增加 27％、25％、24％、15％；R0F20 混凝土孔隙率变化最大。对于粉煤灰掺量为 40％的混凝土，R0F40、R20F40、R50F40、R100F40 混凝土孔隙率增加 28％、27％、23％、20％；R0F40 混凝土孔隙率变化最大。通过分析发现随着再生骨料取代率的增加，再生混凝土的孔隙率变化有所减少，可以得出再生骨料的掺加对于混凝土的抗冻性有利。通过比较 R100F0、R100F20、R100F40 混凝土经过 300 次冻融循环以后的孔隙率变化，可以发现 R100F20 混凝土孔隙率变化最小，故可以得出掺加 20％粉煤灰对于再生混凝土抗冻性最优。

研究发现在冻融循环作用下混凝土的孔隙率随着冻融循环次数的变化关系如下：

$$\rho_n = \rho_0 e^{An} \tag{6.4}$$

式中　ρ_n——混凝土试件冻融循环 n 次以后混凝土的孔隙率；

ρ_0——混凝土试件冻融循环 0 次以后混凝土的孔隙率；

A——混凝土试件材料特性影响系数，本试验中主要考虑再生骨料取代率与粉煤灰掺量；

n——再生混凝土试件经历的冻融循环次数。

通过试验数据分析，混凝土试件材料特性影响系数 A 取值见表 3-6。可以看出混凝土相关系数 A 随再生骨料取代率的增大而减小，随粉煤灰掺量的增加而增加。以 R100F20 混凝土试件为例，考虑再生骨料取代率、粉煤灰掺量对混凝土材料影响的孔隙率表达式为：

$$\rho_n = \rho_0 e^{0.00048 k_r k_f n} \tag{6.5}$$

$$k_r = -0.5869 r^2 - 0.0193 r + 1.6142 \quad R^2 = 0.9705 \tag{6.6}$$

$$k_f = 3.6458 f^2 - 0.9375 f + 1.0417 \quad R^2 = 0.99 \tag{6.7}$$

式中　k_r——再生骨料取代率对于混凝土孔隙率修正系数；

k_f——粉煤灰掺量对于混凝土孔隙率修正系数。

6.3.2　冻融循环作用下混凝土孔隙分布分析

6.3.2.1　不同循环次数下混凝土孔隙分布变化规律

核磁共振 T_2 谱分布与孔隙尺寸相关，T_2 值越小，表示的孔隙越小；孔隙大。T_2 值也大。所以 T_2 谱分布反映了孔隙的分布情况。峰的位置与孔径大小有关，峰面积的大小与对应孔径的孔隙数量有关。图 6-5 为 R0F20 混凝土经过冻融循环后混凝土试件孔隙半径分布图。

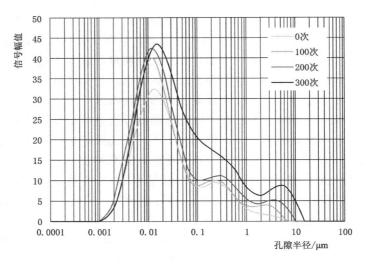

图 6-5　不同冻融循环次数下 R0F20 混凝土孔隙分布

从图 6-5 可以看出，在未经过冻融循环的混凝土孔隙分布主要表现为三个峰：靠近左边的峰对应了混凝土中的小孔与中孔（胶凝孔）；中间的峰代表混凝土中的大孔（毛细孔）；靠近右边的峰代表混凝土中的裂缝。可以看出，在未冻融循环之前，混凝土的三个峰值大小依次为左边峰值最大，中间峰值次之，右边峰值最小。因此，可以分析，在混凝土中主要孔隙为小孔与中孔，大孔次之。由于右边波峰较小，说明混凝土中的裂缝的数量较少。

从图 6-5 可以看出，经过 100 次冻融循环后，混凝土的 T_2 谱分布主要表现为 3 个峰。T_2 谱从形态上未发生明显的变化，小孔所对应的波峰出现了明显的增大，中孔以及大孔波峰稍微增大。也说明了混凝土孔隙中的自由水在冻融循环的作用下产生膨胀，生成了新的微小孔隙。随着冻融次数的进一步增多，混凝土各个峰值的幅度均有所增大，左边峰的幅度增大得更为明显，表明在混凝土中产生了新的小孔与中孔，并且水分进入了小孔中，因此核磁共振信号强度增大。可以看出，随着冻融循环 0～100 次过程中，混凝土孔隙分布的三个峰值均有所增大，但是小孔与中孔所对应的峰值增加较为明显，大孔与裂缝所对应的峰值变化较小；冻融循环 100～200 次过程中，混凝土内部的核磁共振信号增强缓慢；随着冻融循环次数的增大，核磁共振信号增强较大，孔隙分布中的三个波峰也继续增大，尤其是大孔与裂缝所对应的峰值增加较为明显。从混凝土经过冻融循环过程中孔隙分布变化过程可以看出：在冻融循环作用过程中，混凝土中的小孔与中孔不断产生，随后孔隙结构在冻胀作用下不断扩大为大孔与裂缝，导致宏观性能降低。

混凝土经过冻融循环损伤以后，各个孔隙对应的波峰均向右进行移动，即表示混凝土中的整体孔隙半径有所增大。由此可以分析，混凝土在冻融循环的作用下内部的微小孔隙逐渐转化为大孔及裂缝。随着冻融次数的增加，右侧峰所对应的裂缝数量变化较为明显。表明在混凝土的内部结构已经开始变的松散，得出冻融循环作用已经对于混凝土内部造成了损伤。

在核磁共振测试过程中，混凝土的 T_2 谱面积可以表示混凝土的孔隙体积，然而它的值略小于混凝土的孔隙体积。根据孔隙分布谱面积的大小，与混凝土中所含流体的体积成正比，间接的可以反映混凝土内部的孔隙体积。因此，可以通过比较 T_2 谱分布积分面积的变化来表示混凝土内部孔隙体积的变化。本试验中，R0F20 混凝土经过不同冻融循环次数后，混凝土 T_2 谱面积以及不同尺寸孔隙对应的谱面积变化见表 6-2。

表 6-2   不同冻融循环次数下 R0F20 混凝土谱面积分布

冻融循环次数	谱面积	小孔所占面积	中孔所占面积	大孔所占面积	裂缝所占面积
0	723.62	227.29	302.60	170.61	23.13
100	855.82	299.00	338.57	175.64	42.60
200	959.42	308.46	375.20	208.71	67.06
300	1180.15	265.34	446.42	346.37	122.02

从表 6-2 中可以看出，混凝土的 T_2 谱面积随着冻融循环次数的增加而增大，且每个阶段增大的幅度也不同。经历过 100 次、200 次以及 300 次冻融循环以后，谱面积分别增大 18.2%、32.5%、63%。随着冻融循环次数增加到 300 次，T_2 谱面积出现了明显的增大，表明混凝土在冻融循环的作用下产生了新的微小孔隙，从而使得整个混凝土中的总孔隙体积也逐渐变大。经历过 100 次、200 次以及 300 次冻融循环以后，小孔与中孔面积分别增大 20%、29%、34%；经历过 100 次、200 次以及 300 次冻融循环以后，大孔与裂缝面积分别增大 13%、42%、142%。说明了不同的冻融阶段，混凝土的冻融损伤速率不同；冻融循环次数的增多，混凝土的冻融损伤速度明显加快，谱面积的变化率增大。

在冻融初期，混凝土的谱面积变化较小，混凝土的冻融损伤程度较低。但是冻融循环达到 300 次以后，混凝土内的小孔与中孔的数量变化较小，而裂缝与大孔数量出现了较大的变化。分析原因可知：混凝土在冻融循环的过程中，混凝土的内部孔隙结构在冰水的冻胀压力下会产生微小孔隙。随着冻融循环的进行，混凝土内部的微小孔隙之间在水压力的作用会相互贯通，从而形成大孔以及裂缝，因此到 300 次冻融循环以后裂缝数量增加较大。

根据表 6-2，可以得出不同尺寸孔隙在混凝土中所占的比例，见图 6-6。从图中可以发现，对应小孔与中孔的峰面积之和占谱面积的 70% 以上，表明小尺寸的微孔隙占绝大多数。在经历 100 次冻融循环后，小孔与中孔所占比例变化不大，大孔与裂缝所占比例稍有增加。总体而言，在经历 100 次冻融循环后，混凝土的内部结构受冻融循环的影响较小，因而孔隙体积变化不大。在经历 300 次冻融循环后，小孔与中孔所占的比例明显减小，大孔与裂缝所占比例明显增大，表明这个时间内，混凝土内部小孔与中孔在冻融循环的作用下相互贯通，形成更大的孔隙。从图 6-6 可以看出，随着冻融循环的增加，小孔、中孔、大孔在混凝土中的比例没有明显的规律，但是裂缝在混凝土中所占的比例出现了持续增长的变化，表明混凝土内部的结构损伤在不断加大。

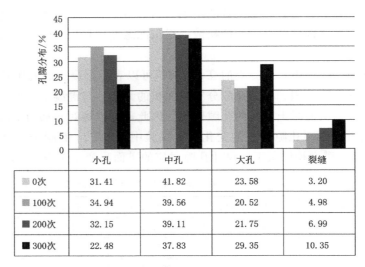

	小孔	中孔	大孔	裂缝
0次	31.41	41.82	23.58	3.20
100次	34.94	39.56	20.52	4.98
200次	32.15	39.11	21.75	6.99
300次	22.48	37.83	29.35	10.35

图 6-6　不同冻融循环次数下 R0F20 混凝土孔隙分布

根据图 6-6 分析可知，混凝土经历冻融循环次数的不同，其内部的孔隙结构变化规律有所差别。在冻融循环的初期，小孔与中孔的产生与发展较为明显，大孔与裂缝变化不大；随着冻融循环次数的进一步增加，小尺寸的孔隙的发展得到了遏制，然而大尺寸孔隙（大孔及裂缝）发展趋势较快。冻融循环后期，小孔与中孔的数量保持稳定，大孔及裂缝数量加剧发展。因此，可以总结混凝土在冻融循环作用下孔隙演化规律主要为 5 个阶段：小孔与中孔产生和发展阶段、小孔与中孔加剧扩展阶段、大孔隙产生与发展阶段、大孔隙加剧扩展阶段、大孔及裂缝加剧扩展内部结构破坏阶段。

6.3.2.2　再生骨料取代率对于混凝土孔隙结构的影响

图 6-7 表示不同骨料取代率下再生混凝土孔隙分布曲线。从图 6-7 可以看出，对于不同再生骨料取代率下孔隙分布主要仍然为三个峰。混凝土的三个峰值大小依次为左边峰

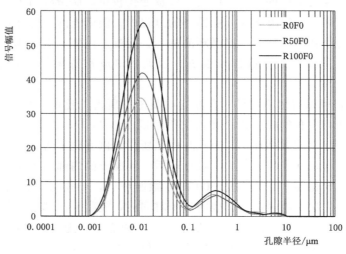

图 6-7　不同再生骨料取代率下混凝土孔隙分布

值最大，中间峰值次之，右边峰值最小。因此可以分析，在混凝土中主要孔隙为小孔与中孔，大孔次之。由于右边波峰较小，说明在未冻融循环之前混凝土中的裂缝的数量较少，表明在初始情况下混凝土内部没有损伤。随着再生骨料取代率的增加，小孔与中孔所对应的峰值有了明显的增加。可以看出 R0F0 混凝土对应的最大峰值为 34，R50F0 混凝土对应最大峰值为 42，R100F0 混凝土在小孔与中孔所对应的峰值最大，所在峰值为 56。然而大孔与裂缝所对应的中间波峰与右边波峰随着再生骨料取代率的变化不大。通过文献可知，再生粗骨料对于混凝土的内部孔隙结构的改善主要有两个方面：一方面，再生粗骨料在拌合过程中，没法做到完全饱和，因此在混凝土拌和的过程中，间接地带入了大量的气泡进去到混凝土中，会造成混凝土的孔隙率增加；另一方面，由于再生骨料的表面黏结一部分旧砂浆，这些砂浆内部会存在着较多的微小孔隙，因此会随着再生粗骨料一块拌和进入到混凝土内部。在这两方面的作用下，混凝土内部的孔隙就会有所增多，但是主要增加的小孔与中孔，大孔与裂缝的数量增加不明显。

根据图 6-7，对于不同孔隙下谱面积进行计算，见表 6-3。从表中可以看出，随着再生骨料取代率的增多，混凝土的谱面积有所增大。在各个孔隙尺寸下，随着再生骨料取代率的增加，孔隙谱面积均有所增大，但是小孔与中孔的增长较为明显，大孔与裂缝的数量增长较小。图 6-8 表示不同尺寸孔隙在混凝土中所占比例关系。可以看出，对于三组混凝土试件，小孔与中孔均占比例超过 80%。R50F0 与 R100F0 混凝土中小孔与中孔所占比例均为 86.6%，而 R0F0 混凝土中小孔与中孔所占比例仅为 83.2%。对于裂缝所占比例，R0F0 混凝土所占比例最大，为 2.66%；R100F0 混凝土所占比例次之，为 2%；R50F0 混凝土中裂缝所占比例最小，为 1.85%。分析原因是三组混凝土中的裂缝数量均较少且变化不大，但是 R0F0 混凝土中总的孔隙数量最少，因此导致 R0F0 混凝土裂缝所占比例最大。

表 6-3 不同再生骨料取代率下混凝土谱面积分布

配合比	谱面积	小孔所占面积	中孔所占面积	大孔所占面积	裂缝所占面积
R0F0	637.37	277.60	253.01	89.84	16.92
R50F0	754.78	325.05	329.08	86.71	13.94
R100F0	1017.05	418.79	462.71	115.21	20.34

图 6-9 表示经过 300 次冻融循环后不同骨料取代率下混凝土孔隙分布曲线。从图 6-9 可以看出，经过冻融循环以后孔隙分布主要仍然为三个峰。混凝土的三个峰值大小依次为左边峰值最大，中间峰值次之，右边峰值最小。但是与未冻融循环之前相比，各个尺寸孔隙所对应峰增幅较为明显。因此，可以分析，再生混凝土在经过冻融循环以后，混凝土中主要孔隙仍然为小孔与中孔，大孔次之，裂缝最少。经过 300 次冻融循环以后，可以看出 R0F0 混凝土对应的最大峰值为 48，比冻融前增大 15；R50F0 混凝土对应最大峰值为 70，比冻融前增加 18；R50F0 混凝土中小孔与中孔所对应的峰值最大，比冻融前增大 16。同时可以发现，随着冻融循环次数的增加，三组试件的波形都有向右边移动，表明在冻融循环的作用下导致混凝土内部的孔隙结构相互贯通，从而出现分布整体向右侧移动的趋势，表明试样中的微小裂隙仍然在不断地产生和扩展，小的孔隙在不断地膨胀形成大孔以及裂

缝，说明混凝土处于冻融损伤的发展阶段。

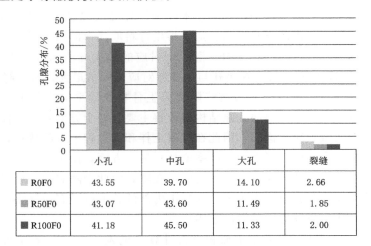

	小孔	中孔	大孔	裂缝
R0F0	43.55	39.70	14.10	2.66
R50F0	43.07	43.60	11.49	1.85
R100F0	41.18	45.50	11.33	2.00

图 6-8　不同再生骨料取代率下混凝土孔隙分布

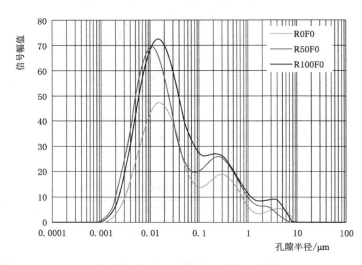

图 6-9　经过 300 次冻融循环后不同再生骨料取代率下混凝土孔隙分布

　　根据图 6-9，对于不同孔隙下谱面积进行计算，见表 6-4。随着冻融循环次数的增加，混凝土的谱面积有所增大。并且在各个尺寸下，随着再生骨料的掺加，孔隙谱面积均有所增大，但是小孔与中孔的增长较为明显，大孔与裂缝的数量增长较小。图 6-10 表示不同尺寸孔隙在混凝土中所占比例关系。可以看出，对于三组混凝土试件，小孔与中孔均占比例超过 60%。R0F0 混凝土中小孔与中孔所占比例为 66.2%，相比冻融循环之前减少 17%；R50F0 混凝土中小孔与中孔所占比例为 68.91%，相比冻融循环之前减少 17.69%；R100F0 混凝土中小孔与中孔所占比例为 67.02%，相比冻融循环之前减少 19.58%。因此，可以得出，随着再生骨料取代率的增加，经过冻融循环以后混凝土中小孔与中孔数量变化最大。对于裂缝数量所占比例，R0F0 混凝土所占比例最大，为 5.48%，相比冻融之前增加 2.82%；R100F0 混凝土所占比例次之，为 4.5%，相比冻融之前增加 2.5%；

R50F0 混凝土中裂缝所占比例最小，为 4.39%，相比冻融之前增加 2.54%。混凝土经过冻融循环以后内部结构出现松散，并且出现较多裂缝，混凝土内部的结构的损伤可以用裂缝的数量来评价。根据分析可知，经过 300 次冻融循环以后，R0F0 混凝土裂缝增长率最大，R50F0 混凝土裂缝增长率次之，R100F0 混凝土增长最小。可以得出随着再生骨料取代率的增加，再生混凝土的内部损伤会减小，再生混凝土的抗冻性增强。分析原因，主要在于再生粗骨料可以有效地增加混凝土中的胶凝孔隙（小孔与中孔）。一般情况下，孔径 $d<10\text{nm}$ 的孔隙不会受到冻融循环的作用，因为孔隙内部的水量较少，因此凝胶孔基本不受冻融循环损伤；孔径在 $50\text{nm}<d<1000\text{nm}$ 范围之内的孔隙，这一范围内的孔隙可以有效地释放孔隙中的冻融压力与渗透压力，对于混凝土抗冻性有利，因此毛细孔对于冻融循环起到有利的作用；而 1000nm 以上的大孔则受冻融作用影响，大孔中的水结冰是混凝土受冻破坏的最主要原因。再生骨料的掺入可以有效地提高再生混凝土的抗冻性。

表 6-4　　经过 300 次冻融循环后不同再生骨料取代率下混凝土谱面积分布

配合比	谱面积	小孔所占面积	中孔所占面积	大孔所占面积	裂缝所占面积
R0F0	1120.88	270.55	471.56	317.31	61.46
R50F0	1614.22	539.73	572.62	430.96	70.91
R100F0	1777.63	464.74	726.73	506.16	80.00

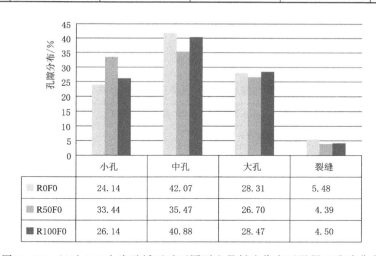

	小孔	中孔	大孔	裂缝
R0F0	24.14	42.07	28.31	5.48
R50F0	33.44	35.47	26.70	4.39
R100F0	26.14	40.88	28.47	4.50

图 6-10　经过 300 次冻融循环后不同再生骨料取代率下混凝土孔隙分布

6.3.2.3　粉煤灰掺量对于混凝土孔隙结构的影响

不同粉煤灰掺量下混凝土孔隙分布如图 6-11 所示。从图中可以看出，孔隙分布波峰仍然为三个峰值，小孔与中孔所对应的峰值较大。随着粉煤灰掺量的增加，孔隙分布信号幅值有所增加，且曲线整体向左移动，说明小孔数量有所增加。

根据图 6-11，对于不同孔隙谱面积进行计算，见表 6-5。从表中可以看出，随着粉煤灰掺量的增多，混凝土的谱面积稍微有所增大。与未掺加粉煤灰混凝土相比，掺加 20%、40% 粉煤灰混凝土谱面积增加 15.2% 与 23.3%。随着粉煤灰掺量的增加，小孔与

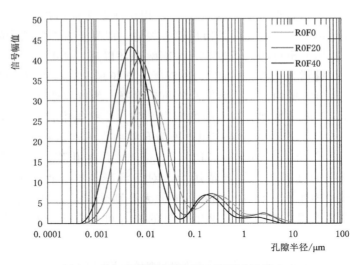

图 6-11　不同粉煤灰掺量下混凝土孔隙分布

中孔的谱面积均有所增大，但是大孔与裂缝的谱面积有所减小。分析原因：主要是粉煤灰的掺入会使大孔隙分隔成小孔隙，从而增加了孔隙数量。图 6-12 表示不同尺寸孔隙在混凝土中所占比例关系。可以看出，对于三组混凝土试件，小孔与中孔均占比例超过 80%。R0F0 与 R0F20 混凝土中小孔与中孔所占比例分别为 81.95%、85.77%；R0F40 混凝土中小孔与中孔所占比例最大，为 88.10%。对于裂缝所占比例，R0F0 混凝土所占比例最大，为 2.93%；R0F20 混凝土所占比例次之，为 2.37%；R0F40 混凝土中裂缝所占比例最小，为 1.45%。

表 6-5　　　　　　　　　　不同粉煤灰掺量下混凝土谱面积分布

配合比	谱面积	小孔所占面积	中孔所占面积	大孔所占面积	裂缝所占面积
R0F0	622.88	261.51	248.98	94.14	18.25
R0F20	717.88	418.81	196.90	85.15	17.02
R0F40	768.40	548.22	129.19	79.82	11.17

图 6-13 表示经过 300 次冻融循环后不同粉煤灰掺量下混凝土孔隙分布曲线。从图 6-13 可以看出，经过冻融循环以后孔隙分布仍然为三个峰。混凝土的三个峰值大小依次为左边峰值最大，中间峰值次之，右边峰值最小。但是与未冻融循环之前，小孔与中孔峰值增幅不明显，大孔与裂缝波峰幅值增长较大。分析可知混凝土在经过冻融循环以后，混凝土中主要孔隙仍然为小孔与中孔，大孔次之，裂缝最少。经过 300 次冻融循环以后，可以看出 R0F0 对应的最大峰值为 33，与未冻融前相比没有变化；R50F0 对应最大峰值为 38，相对未冻融前减少 2；R100F0 在小孔与中孔所对应的峰值最大，相对未冻融前减少 1。同时可以发现，经过 300 次冻融循环以后，三组试件的波形都向右边移动，表明在冻融循环的作用下导致混凝土内部的孔隙结构相互贯通，从而出现分布整体向右侧移动的趋势，试样中的微小裂隙仍然在不断地产生和扩展，小的孔隙在不断地膨胀形成大孔以及裂缝，造成了混凝土的内部结构破坏。

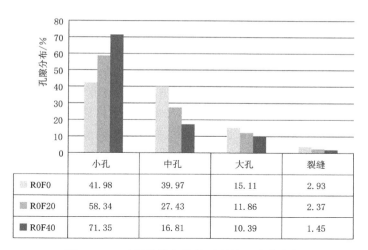

图 6-12 不同粉煤灰掺量下混凝土孔隙分布

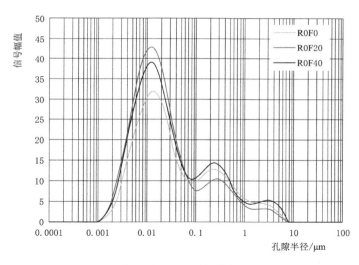

图 6-13 经过 300 次冻融循环后不同粉煤灰掺量下混凝土孔隙分布

根据图 6-13，对于不同孔隙下谱面积进行计算，见表 6-6。经过 300 次冻融循环以后，混凝土的谱面积有所增大。图 6-14 表示不同尺寸孔隙在混凝土中所占比例。可以看出，对于三组混凝土试件，小孔与中孔均占比例超过 60%。R0F0 混凝土中小孔与中孔所占比例为 65.96%，相对冻融循环之前减少 15.99%；R0F20 混凝土中小孔与中孔所占比例为 69.54%，相比冻融循环之前减少 16.23%；R0F40 混凝土中小孔与中孔所占比例为 76.77%，相比冻融循环之前减少 11.33%。因此 R0F20 混凝土中小孔与中孔的减少值最大。对于裂缝数量所占比例，R0F0 混凝土所占比例最大，为 6.38%，相比冻融之前增加 3.45%；R0F40 混凝土所占比例次之，为 5.55%，相比冻融之前增加 3.18%；R0F20 混凝土中裂缝所占比例最小，为 3.83%，相比冻融之前增加 2.38%。混凝土经过冻融循环破坏以后内部会出现微小裂缝，混凝土内部的结构的损伤可以用裂缝的数量来评价。根据分析可知，经过 300 次冻融循环以后，R0F0 混凝土裂缝增长率最大，R0F20 混凝土裂缝增长率次之，R100F0 混凝土增长最小。因此，可以得出随着粉煤灰掺量的增加，再生混凝土的内部损伤会减小，再生混凝土的抗冻性增强，20％粉煤灰掺量时再生混凝土抗冻性最优。分析原因，主要在于粉煤灰可以有效地增加混凝土中的胶凝孔隙（小孔与中孔）。这些孔隙可有效地释放混凝土在冻融循环过程中产生的冻胀压力，有利于混凝土的抗冻性。但是由于粉煤灰掺量的增加，导致再生混凝土的力学性质有所降低，因此混凝土在冻融循环的作用下很容易破坏试件表面的砂浆，从而导致混凝土内部可以冻胀的自由水增多从而减少再生混凝土抗冻性能。在 40％粉煤灰掺量的混凝土中负面作用抵消了一部分的正面作用，20％粉煤灰掺量对于再生混凝土抗冻性能较优。

表 6 - 6　　　　　　　经过 300 次冻融循环后不同粉煤灰掺量下混凝土谱面积分布

配合比	谱面积	小孔所占面积	中孔所占面积	大孔所占面积	裂缝所占面积
R0F0	763.98	215.22	288.71	211.31	48.73
R0F20	898.87	321.57	368.50	174.37	34.43
R0F40	900.62	290.68	335.55	224.39	50.00

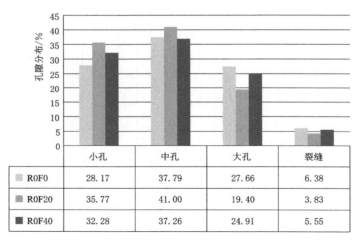

	小孔	中孔	大孔	裂缝
R0F0	28.17	37.79	27.66	6.38
R0F20	35.77	41.00	19.40	3.83
R0F40	32.28	37.26	24.91	5.55

图 6 - 14　经过 300 次冻融循环后不同粉煤灰掺量下混凝土孔隙分布

6.3.3　冻融循环作用下混凝土孔隙结构损伤规律

根据表 6 - 2 得出孔隙分布曲线谱面积与冻融循环之间的关系如图 6 - 15 所示。

从图 6 - 15 可以看出，随着冻融循环次数的增加，再生混凝土的谱面积呈逐渐增大的趋势，表明再生混凝土的孔隙体积随着冻融循环次数的增大而增大。对应小孔与中孔的第一个峰的峰面积占总面积的 70％以上，表明小孔与中孔数量占再生混凝土内部孔隙数量的绝大部分。根据图 6 - 15，不同冻融循环次数条件下核磁共振谱面积的变化曲线适合于多项式拟合，拟合结果如下式所示：

$$y = 0.0022n^2 + 0.8092n + 730.91 \quad R^2 = 0.9905 \tag{6.8}$$

式中　y——再生混凝土冻融循环过程中核磁共振谱面积；

n——冻融循环次数；相关系数为 0.9905。

图 6-16 为 300 次冻融循环后各种孔隙所占比例的变化图。在 0～100 次冻融循环过程中，中孔与大孔的所占比例会逐渐的减小，小孔与裂缝的比例有所增加，表明在此阶段，产生了小孔增加的数量大于小孔转化为中孔的数量，因此小孔的比例出现了稍微幅度的增长。其中裂缝比例有所增加，且幅度较小，说明从 0～100 冻融循环内就有裂缝的发展。而在 100～200 次冻融循环过程中，小孔与中孔所占比例均有所减少，然而大孔所占比例开始逐渐增加，裂缝所占比例持续增长，说明在这个阶段，新的微裂隙产生较少，但已有的小孔与中孔不断扩展成了大尺寸孔隙。从 200～300 次冻融循环，中孔的变化趋于平缓，变化幅度不大，但是小孔的比例急剧下降，大孔的比例上升较快，裂缝的比例保持原来的速度增长，且变化不大。但是从孔隙谱面积不断增大的趋势方面来看，随着冻融循环次数的增大，微小裂缝持续不断地产生和扩展，逐渐出现大尺寸的裂缝。这四种孔隙体积比例不断变化的过程，表明了再生混凝土在冻融作用下，内部的损伤在冻融循环的作用下不断发生。

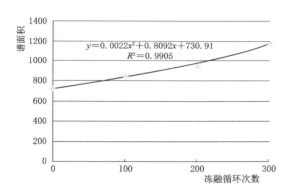

图 6-15　不同冻融循环次数再生混凝土谱面积

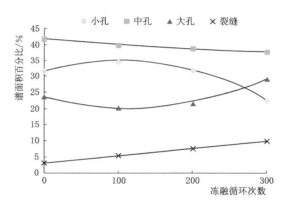

图 6-16　不同冻融循环次数下再生混凝土
孔隙谱面积所占比例变化

根据图 6-16，各个尺寸孔隙对应的谱面积所占比例与冻融循环次数之间的关系曲线适合于多项式及线性拟合，拟合结果见下列各式。

小孔所占百分比变化拟合曲线：

$$y = 0.0003n^2 + 0.0694n + 31.382 \quad R^2 = 0.9998 \tag{6.9}$$

中孔所占百分比变化拟合曲线：

$$y = 0.00002n^2 - 0.0198n + 41.686 \quad R^2 = 0.9854 \tag{6.10}$$

大孔所占百分比变化拟合曲线：

$$y = 0.0003n^2 - 0.0613n + 23.681 \quad R^2 = 0.9963 \tag{6.11}$$

裂缝所占百分比变化拟合曲线：

$$y = 0.0234n + 2.8594 \quad R^2 = 0.976 \tag{6.12}$$

6.4　冻融循环与硫酸盐侵蚀双重作用下混凝土孔隙结构演化规律研究

6.4.1　冻融循环与硫酸盐侵蚀双重作用下混凝土孔隙率分析

混凝土遭受冻融循环与硫酸盐侵蚀双重破坏，宏观结构上表现为再生混凝土试件由密实到疏松的变化过程。混凝土试件是在冻融循环与硫酸盐侵蚀双重作用下导致破坏的。由于再生混凝土在冻融破坏过程中，水化产物的成分基本保持不变，没有其他新的化学组成物质生成。但是硫酸盐侵蚀在混凝土内部主要发生化学变化，硫酸盐离子会与再生混凝土中的化学成分反应从而导致混凝土内部的结构及成分发生变化。因此，冻融循环与硫酸盐侵蚀双重破坏相当于物理化学变化。本节考虑再生混凝土孔隙率变化，从孔隙角度研究再生混凝土内部结构变化过程。各组配合比下混凝土初始孔隙率（ρ_0）与经过 300 次冻融循环以后试件孔隙率（ρ_{300}）数值见表 6 - 7。

表 6 - 7　　　　　经过冻融循环与硫酸盐侵蚀双重作用后混凝土孔隙率

配合比	再生骨料 /%	粉煤灰 /%	孔隙率 ρ_0 /%	孔隙率 ρ_{300} /%	变化率	A
R0F0	0	0	3.95	5.53	0.40	0.001122
R20F0	20	0	4.10	5.65	0.38	0.001069
R50F0	50	0	4.36	5.73	0.31	0.000911
R100F0	100	0	4.85	6.25	0.29	0.000845
R0F20	0	20	3.80	5.21	0.37	0.001052
R20F20	20	20	4.02	5.38	0.34	0.000971
R50F20	50	20	4.24	5.65	0.33	0.000957
R100F20	100	20	4.59	5.83	0.27	0.000797
R0F40	0	40	3.74	5.36	0.43	0.0012
R20F40	20	40	3.91	5.35	0.37	0.001045
R50F40	50	40	4.10	5.51	0.34	0.000985
R100F40	100	40	4.50	5.96	0.32	0.000937

通过表 6 - 7 数据可以发现，混凝土经过 300 次冻融循环与硫酸盐侵蚀双重作用，混凝土的孔隙率明显增大。在经过 300 次冻融循环与硫酸盐侵蚀双重作用以后，R0F0、R20F0、R50F0、R100F0 混凝土试件孔隙率增加 40%、38%、31%、29%；R0F0 混凝土试件孔隙率变化最大。然而对于粉煤灰掺量为 20% 的混凝土，R0F20、R20F20、R50F20、R100F20 混凝土试件孔隙率增加 37%、34%、33%、27%；R0F20 混凝土孔隙率变化最大。对于粉煤灰掺量为 40% 的混凝土，R0F40、R20F40、R50F40、R100F40 混凝土孔隙率增加 43%、37%、34%、32%；R0F40 混凝土孔隙率变化最大。以上分析可知随着再生骨料取代率增加，混凝土的孔隙率变化随之减少，可以得出再生骨料的掺加可以减少混凝土在冻融循环与硫酸盐侵蚀双重作用下结构内部的损伤。通过比较 R100F0、

R100F20、R100F40 混凝土试件经过 300 次冻融循环以后的孔隙率变化，孔隙率变化顺序为 R100F40＞R100F0＞R100F20，依然是 R100F20 混凝土变化最小，故可以得出掺加 20％粉煤灰可以有效地减少混凝土在冻融循环与硫酸盐侵蚀双重作用下结构内部的损伤。

根据式（6.4）计算，冻融循环与硫酸盐侵蚀双重作用下再生混凝土试件材料特性影响系数 A 取值见表 6-7。

可以看出混凝土相关系数 A 随再生骨料取代率的增大而减小，在 20％粉煤灰掺量的时取值最小。以 R100F20 混凝土试件为例，考虑再生骨料取代率、粉煤灰掺量的影响系数，混凝土经过冻融循环与硫酸盐侵蚀双重作用后孔隙率表达式为：

$$\rho_n = \rho_0 e^{0.000797 k_r k_f n} \tag{6.13}$$
$$k_r = -1.3868r^2 + 0.2621r + 2.1381 \quad R^2 = 0.9705 \tag{6.14}$$
$$k_f = 21.406f^2 - 8.0868f + 1.7611 \quad R^2 = 0.99 \tag{6.15}$$

6.4.2 冻融循环与硫酸盐侵蚀双重作用下混凝土孔隙分布分析

6.4.2.1 不同循环次数下混凝土孔隙分布变化规律

图 6-17 表示 R0F20 混凝土经过冻融与硫酸盐侵蚀作用以后混凝土试件孔隙半径分布图。从图 6-17 可以看出，未经过冻融循环的混凝土孔隙分布主要表现为三个峰。可以看出，在未冻融循环之前，混凝土的三个峰值大小依次为左边峰值最大，中间峰值次之，右边峰值最小。因此可以分析，在混凝土中主要孔隙为小孔与中孔，大孔次之。由于右边波峰较小，说明此时混凝土中的裂缝的数量较少。

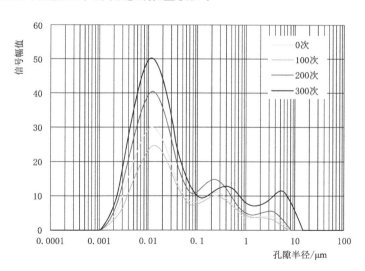

图 6-17 不同循环次数下 R0F20 混凝土孔隙分布

从图 6-17 可以看出，经过 100 次冻融与硫酸盐侵蚀双重作用后，混凝土的 T_2 谱分布主要表现为 3 个波峰。T_2 谱从形态上未发生明显的变化，小孔所对应的波峰出现了明显的减小，中孔以及大孔对应的波峰也有稍微减小。也说明了混凝土孔隙在 100 次冻融与硫酸盐侵蚀双重作用下，各尺寸下孔隙数量有所减少。随着冻融与硫酸盐侵蚀作用的进一步增多，混凝土各个峰值的幅度均有明显的增大。经过 200 次冻融与硫酸盐侵蚀双重作用后，小孔与中孔多对应的波峰的幅度增大的更为明显，表明在混凝土中产生了新的小孔与中孔，并且水分进入了小孔中，因此核磁共振信号强度增大；但是在 200 次循环以后，可以观察到混凝土中的大孔数量有所增加，但是裂缝数量依然变化较小。到达 300 次循环以后，可以看到小孔与中孔的数量仍然持续增长，大孔数量稍微减少，裂缝数量增长较大。冻融与硫酸盐侵蚀作用从 0～100 次过程中，谱分布三个峰均减小，幅值也稍微减小；从 100～200 次循环后，核磁共振信号明显增强，小孔、中孔及大孔所对应的峰值增加较大；从 200～300 次循环后，各个尺寸孔隙的峰值均出现了持续的增长，但是裂缝所对应的峰值增加较为明显，说明这个阶段内混凝土中的裂缝数量增长较快，混凝土内部结构的松散程度较高，内部损伤严重。

冻融循环与硫酸盐侵蚀双重作用 300 次以后，各个尺寸孔隙的峰值发生了明显的右移，表明混凝土中大尺寸孔隙的数量增加较为明显。这也说明了混凝土在冻融循环与硫酸盐侵蚀双重作用下，混凝土内部的微小孔隙逐渐转化为大孔及裂缝。随着冻融次数的增加，右侧峰所对应的裂缝数量变化较为明显。经过复合侵蚀作用以后，混凝土 T_2 谱面积的变化特性及每个峰所占比例见表 6-8。

表 6-8　　　　　　　　　不同作用次数下混凝土谱面积分布

冻融循环与硫酸盐侵蚀 双重作用次数	谱面积	小孔所占面积	中孔所占面积	大孔所占面积	裂缝所占面积
0 次	699.87	223.60	258.12	172.61	45.54
100 次	587.68	165.55	222.09	162.55	37.49
200 次	959.69	301.86	348.46	233.02	76.35
300 次	1180.15	390.87	431.51	231.21	146.03

从表 6-8 可以看出，随着冻融与硫酸盐侵蚀双重作用次数的增加，混凝土 T_2 谱面积首先逐渐减小，减小到一定程度后开始增大，表明混凝土的孔隙体积在双重侵蚀作用下也是呈现先减少后逐渐增大的趋势。经历过 100 次冻融与硫酸盐侵蚀双重作用以后，谱面积分别减小 16.2%。200 次以及 300 次循环以后，谱面积分别增大 37.1%、68.8%。随着循环次数的增加到 300 次，T_2 谱面积出现了明显的增大，表明混凝土在冻融循环的作用下产生了新的微小孔隙，从而使得整个混凝土中的总孔隙体积也逐渐变大。经历过 100 次、200 次以及 300 次循环以后，小孔与中孔谱面积分别增大 −20%、35%、71%；经历过 100 次、200 次以及 300 次循环以后，大孔与裂缝谱面积分别增大 −8%、42%、73%。说明了不同的冻融与硫酸盐侵蚀作用阶段，混凝土的内部结构损伤速率不同；冻融与硫酸盐侵蚀双重作用次数的增多，混凝土的内部损伤速度明显加快，谱面积的变化率增大。

在冻融与硫酸盐侵蚀双重作用初期，混凝土的谱面积减小，表明混凝土在冻融与硫酸盐侵蚀双重作用下损伤程度较低，随着循环次数到达 200 次循环以后，混凝土内的小孔与中孔的数量变化较大，而裂缝与大孔数量仅仅出现了较小的变化。但是到达 300 次冻融与硫酸盐侵蚀作用后，小孔与中孔数量明显增大，大孔数量稍微减小，裂缝数量增加较为明显。分析原因可知：混凝土在冻融与硫酸盐侵蚀双重作用初期，一方面，冻融作用对于混凝土内部孔隙破坏较小；另一方面，硫酸盐进入到孔隙中，与水泥基中的物质发生化学反应，生成石膏以及钙矾石，这些生成的晶体会在孔隙中填充，从而减小了各个尺寸下孔隙的数量。随着冻融与硫酸盐侵蚀作用的进行，混凝土表面砂浆破坏加剧；同时由于孔隙中生成的石膏以及钙矾石的体积增多，当充满孔隙时，就会对孔隙内壁产生拉应力。当冻胀压力与晶体产生的拉应力超过了混凝土孔隙内壁的抗拉强度的时候，混凝土内的微小孔隙就会逐渐扩大为大孔以及裂缝。因此，在 200 次循环以后，大孔数量增加较为明显，裂缝数量增加缓慢；300 次循环以后，大孔数量有所减小，裂缝数量增加较大。原因是有一部分大孔在冻融与硫酸盐侵蚀双重作用下变为裂缝，加速混凝土内部的损伤。

根据表 6-8，可以得出不同尺寸孔隙在混凝土中所占的比例，如图 6-18 所示。从图 6-18 中可以发现，对应小孔与中孔的峰面积之和占谱面积的 60% 以上，表明小尺寸的微孔隙占绝大多数。在经历 100 次循环后，小孔与中孔所占比例有所减少，大孔与裂缝所占比例稍有增加。总体而言，在经历 100 次循环后，混凝土的内部结构受冻融与硫酸盐侵蚀的影响较小，因而孔隙体积变化不大。在经历 300 次循环后，小孔与中孔所占的比例稍有减小，裂缝所占比例明显增大，表明这个时间内混凝土内部小孔与中孔在冻融循环的作用下相互贯通，形成更大的孔隙。从图 6-18 可以看出，随着冻融与硫酸盐侵蚀双重作用的增加，小孔、中孔、大孔在混凝土中的比例没有明显的规律，但是裂缝在混凝土中所占的比例出现了持续增长的变化，表明混凝土内部的结构损伤在不断加大。

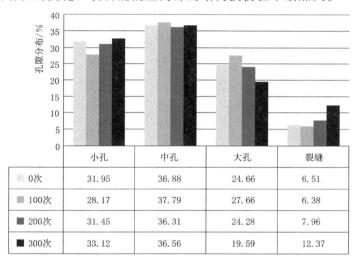

	小孔	中孔	大孔	裂缝
0次	31.95	36.88	24.66	6.51
100次	28.17	37.79	27.66	6.38
200次	31.45	36.31	24.28	7.96
300次	33.12	36.56	19.59	12.37

图 6-18 不同循环次数下混凝土孔隙分布

通过对图 6-18 的综合分析，试验初期混凝土内部的孔隙数量随着冻融与硫酸盐侵蚀双重作用次数的增加而减少，主要原因为硫酸盐侵蚀产物钙矾石与石膏会对混凝土孔隙造成一定的填充作用；随着冻融与硫酸盐侵蚀双重作用次数的增多，随后小尺寸孔隙的发展得到了制约，大尺寸孔隙增长速率加快。试验中后期，小尺寸裂隙又会快速地产生和扩展贯通，主要是由于石膏与钙矾石晶体的膨胀作用导致混凝土内部出现塌孔或颗粒剥落情况，孔隙塌落以及颗粒剥落的碎渣会进入到大孔隙内部形成填充，从而导致大尺寸孔隙孔径变小。随着冻融与硫酸盐侵蚀双重作用次数的进一步增加，大孔数量趋于稳定，新产生的小孔与中孔进一步扩大贯通至裂缝。

因此，根据以上对于冻融循环与硫酸盐侵蚀双重作用下混凝土孔隙结构的演化规律进行总结，主要可以分为以下几个阶段：小孔产生和发展阶段、小孔与中孔被填充减少阶段、小孔与中孔加剧扩展阶段、大孔隙产生和发展阶段、大孔隙发展遏制稳定阶段、裂缝数量加剧扩展及内部结构破坏阶段。

6.4.2.2 再生骨料取代率对于混凝土孔隙结构的影响

以粉煤灰掺量为20%混凝土为例，图6-19表示不同骨料掺量下再生混凝土孔隙分布曲线，对于不同再生骨料取代率下孔隙分布主要为三个波峰。根据图4-19，对于不同孔隙下谱面积进行计算，见表6-9。从表中可以看出，随着再生骨料取代率的增多，混凝土的谱面积有所增大。在各个尺寸下，随着再生骨料的掺加，孔隙谱面积均有所增大，但是小孔与中孔的增长较为明显，大孔与裂缝的数量增长较小。图4-20表示不同尺寸孔隙在混凝土中所占比例。可以看出，对于三组混凝土试件，小孔与中孔均占比例超过80%。R100F20与R50F20混凝土小孔与中孔所占比例为88.16%与86.96%，而R0F20混凝土中小孔与中孔所占比例81.96%。对于裂缝所占比例，R0F20混凝土所占比例最大，为2.93%；R50F20混凝土所占比例次之，为2.27%；R100F20混凝土中裂缝所占比例最小，为1.61%。分析原因，主要是由于三组混凝土试件中的裂缝数量均较少且变化不大，但是由于R0F20混凝土中总孔隙数量最少，因此导致R0F20混凝土裂缝所占比例最大。

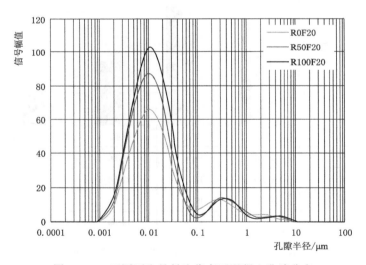

图6-19 不同再生骨料取代率下混凝土孔隙分布

表6-9　　　　　　　　不同再生骨料取代率下混凝土谱面积分布

配合比	谱面积	小孔所占面积	中孔所占面积	大孔所占面积	裂缝所占面积
R0F20	1245.77	523.02	497.96	188.29	36.50
R50F20	1536.80	705.73	630.62	165.55	34.90
R100F20	1834.37	791.70	825.45	187.76	29.47

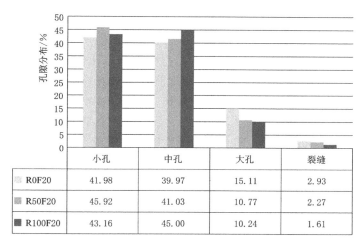

	小孔	中孔	大孔	裂缝
R0F20	41.98	39.97	15.11	2.93
R50F20	45.92	41.03	10.77	2.27
R100F20	43.16	45.00	10.24	1.61

图 6-20　不同再生骨料取代率下混凝土孔隙分布

图 6-21 表示经过 300 次冻融与硫酸盐侵蚀双重作用后再生混凝土孔隙分布曲线。从图 6-21 可以看出，经过冻融与硫酸盐侵蚀双重作用后孔隙分布主要仍然为三个峰。混凝土的三个峰值大小依次为左边峰值最大，中间峰值居中，右边峰值最小。但是与未破坏之前，各个尺寸孔隙所对应峰增幅较为明显。再生混凝土在经过冻融与硫酸盐侵蚀双重作用以后，混凝土中主要孔隙仍然为小孔与中孔，大孔次之，裂缝最少。经过 300 次循环以后，可以看出 R0F20 混凝土对应的最大峰值为 58，与未侵蚀前相比减少了 5；R50F20 混凝土对应最大峰值为 86，与未侵蚀前相比增加了 2；R100F20 混凝土中小孔与中孔所对应的峰值最大，为 110，相比未侵蚀前增加了 5。分析表明：混凝土经过冻融与硫酸盐侵蚀双重作用后，混凝土内部孔隙数量有所增加。

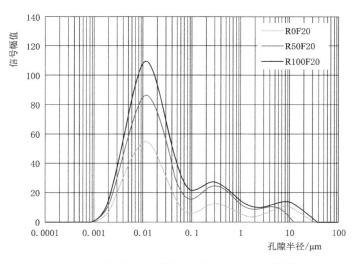

图 6-21　经过 300 次循环后不同再生骨料取代率下混凝土孔隙分布

根据图 6-21，对于不同孔隙下谱面积进行计算，见表 6-10。随着循环次数的增加，R0F20 混凝土波峰面积稍有减小。R50F20 与 R100F20 两组混凝土的谱面积有所增大，并且在各个尺寸下，随着再生骨料的掺加，孔隙谱面积均有所增大，但是小孔与中孔的增长较为明显，大孔与裂缝的数量增长较小。图6-22表示不同尺寸孔隙在混凝土中所占比例关系。可以看出，对于三组混凝土试件，小孔与中孔均占比例超过70％。R0F20混凝土中小孔与中孔所占比例为71.39％，相对试验之前减少10.57％；R50F20混凝土中小孔与中孔所占比例为71.75％，相比试验之前减少15.26％；R100F20混凝土中小孔与中孔所占比例为71.7％，相比试验之前减少16.46％。因此，R0F20混凝土中小孔与中孔的减少值最大。对于裂缝数量所占比例，R0F20混凝土所占比例最大，为12.82％，相比冻融之前增加9.89％；R50F20混凝土所占比例次之，为7.37％，相比冻融之前增加5.1％；R100F20混凝土中裂缝所占比例最小，为8.33％，相比冻融之前增加6.7％。根据相关文献可知混凝土内部的结构的损伤可以用裂缝的数量来评价。根据分析可知，经过300次冻融循环以后，R0F20混凝土裂缝增长率最大，R50F20与R100F20混凝土裂缝增长率均较小。因此，可以得出随着再生骨料取代率的增加，再生混凝土的内部损伤会减小，再生混凝土的抗冻融与硫酸盐侵蚀双重作用性能增强。

表6-10　　　　　经过300次循环后不同再生骨料取代率下混凝土谱面积分布

配合比	谱面积	小孔所占面积	中孔所占面积	大孔所占面积	裂缝所占面积
R0F20	1195.71	423.46	430.15	188.77	153.33
R50F20	1931.02	666.06	719.44	403.10	142.41
R100F20	2459.36	820.43	944.25	489.90	204.78

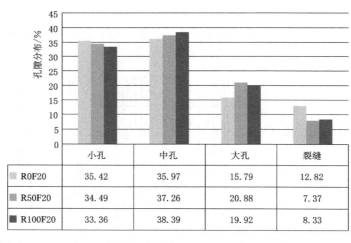

	小孔	中孔	大孔	裂缝
R0F20	35.42	35.97	15.79	12.82
R50F20	34.49	37.26	20.88	7.37
R100F20	33.36	38.39	19.92	8.33

图6-22　经过300次循环后不同再生骨料取代率下混凝土孔隙分布

6.4.3　冻融循环与硫酸盐侵蚀双重作用下混凝土孔隙结构损伤规律

在冻融循环与硫酸盐侵蚀双重作用下，在再生混凝土内部出现小孔及中孔不断扩展、小孔与中孔被填充，大孔以及裂缝逐渐发展的现象，在冻融循环与硫酸盐侵蚀双重作用下，最终导致再生混凝土耐久性的损伤。因此，经过不同次数的冻融循环与硫酸盐侵蚀双重作用下以后，混凝土中的孔隙分布和孔隙体积的变化规律，可以为再生混凝土内部孔隙的扩展和复合损伤演化规律提供依据。根据表6-8得出孔隙分布曲线谱面积与循环次数之间的关系见图6-23。

从图6-23可以看出，随着循环次数的增加，再生混凝土的谱面积呈现先有所减小再逐渐增大的趋势，表明再生混凝土的孔隙体积随着循环次数的增大先减小后增大。对应小孔与中孔的第一个峰的峰面积占总面积的60%以上，表明小孔与中孔占再生混凝土内部孔隙数量的绝大部分。根据图6-23，不同循环次数条件下核磁共振谱面积的变化曲线适合于多项式拟合，拟合结果见式：

$$y = 0.0083n^2 - 0.6821n + 668.08 \quad R^2 = 0.9048 \tag{6.16}$$

式中 y——再生混凝土冻融循环与硫酸盐侵蚀双重作用过程中核磁共振谱面积；

n——循环次数；相关系数为0.9048。

图6-24为300次冻融循环与硫酸盐侵蚀双重作用后各种孔隙所占比例的变化图，图中曲线表示不同尺寸下孔隙分布比例的变化过程。从图6-24中可以看出，中孔所占比例最大，其次为小孔与大孔，所占比例最小的为裂缝。在0～100次循环过程中，小孔比例下降较为明显，中孔与大孔比例稍有增加，然而裂缝基本没有变化。这个阶段内，在硫酸盐侵蚀的化学作用对于孔隙结构的影响较大，反应生成的钙矾石及石膏晶体对小孔进行了填充，因此所占比例减少。因为孔隙的总体积在这个阶段内有所减少，大孔数量变化较小，因此大孔所占的比例稍微有所提高。在这个阶段内裂缝的比例基本没有变化。而在100～200次循环过程中，小孔所占比例均有所增加，然而大孔所占比例开始逐渐减小，裂缝所占比例开始增长。说明在这个阶段，新的小孔隙产生较多，导致小孔的数量持续增长；另外小孔与中孔在冻融循环与硫酸盐侵蚀双重作用下开始逐渐扩展为大孔及裂缝，裂缝的比例有所增加。从200～300次循环后，中孔的变化趋势都趋于平缓，变化幅度不大，但是小孔的比例仍然为上升的趋势，大孔的比例下降较快，裂缝的比例增长速度加快。在这四种孔隙体积比例不断变化的过程中，表明了再生混凝土在冻融循环与硫酸盐侵蚀双重作用下，内部的损伤不断地发展。

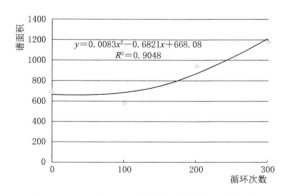

图6-23 不同循环次数下再生混凝土谱面积

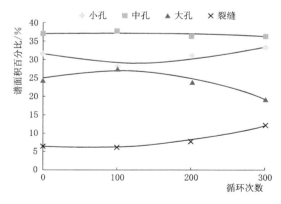

图6-24 不同循环次数下再生混凝土各种孔隙谱面积所占比例变化

根据图6-24，各尺寸孔隙对应的谱面积所占比例与循环次数之间的关系曲线适合于多项式拟合，拟合结果见下列各式。

小孔所占百分比变化拟合曲线：

$$y = 0.0001n^2 - 0.034n + 31.512 \tag{6.17}$$

中孔所占百分比变化拟合曲线：

$$y = 0.00002n^2 - 0.0025n + 37.087 \tag{6.18}$$

大孔所占百分比变化拟合曲线：

$$y = -0.0002n^2 + 0.0391n + 24.916 \tag{6.19}$$

裂缝所占百分比变化拟合曲线：

$$y = 0.0001n^2 - 0.0149n + 6.5643 \tag{6.20}$$

6.5　冻融循环与碳化双重作用下混凝土孔隙结构演化规律研究

6.5.1　冻融循环与碳化双重作用下混凝土孔隙率分析

6.5.1.1　碳化—冻融作用下混凝土孔隙率分析

经过碳化—冻融作用下混凝土的孔隙率见表 6-11。通过表 6-11 可以发现，混凝土试件经过碳化—冻融作用以后，混凝土的孔隙率有所增加。经过 42d 碳化与 300 次冻融以后，各组再生混凝土试件出现了不同的孔隙率变化。在经过碳化—冻融作用以后，R0F0、R50F0、R100F0 混凝土试件孔隙率增加 35%、30%、31%；R0F0 混凝土孔隙率变化最大。然而对于粉煤灰掺量为 20% 的混凝土，R0F20、R50F20、R100F20 混凝土试件孔隙率增加 31%、26%、21%；R0F20 混凝土孔隙率变化最大。对于粉煤灰掺量为 40% 的混凝土，R0F40、R50F40、R100F40 混凝土试件孔隙率增加 34%、28%、31%；R0F40 混凝土孔隙率变化最大。分析可知，随着再生骨料取代率的增加，混凝土的孔隙率变化随之减少，再生骨料的掺加对于混凝土的抗冻融循环与碳化双重作用性能有利。通过比较 R100F0、R100F20、R100F40 混凝土试件经过碳化—冻融作用以后的孔隙率变化，R100F20 混凝土孔隙率变化最小，故可以得出掺加 20% 粉煤灰对于再生混凝土抗冻融循环与碳化双重作用性能最优。

表 6-11　碳化—冻融作用下混凝土孔隙率

配合比	再生骨料 /%	粉煤灰 /%	孔隙率 ρ_0 /%	孔隙率 ρ_{300} /%	变化率	A
R0F0	0	0	3.95	5.32	0.35	0.00098
R50F0	50	0	4.36	5.66	0.30	0.00087
R100F0	100	0	4.85	6.36	0.31	0.000903
R0F20	0	20	3.8	4.98	0.31	0.000901
R50F20	50	20	4.24	5.34	0.26	0.000769
R100F20	100	20	4.59	5.55	0.21	0.000633
R0F40	0	40	3.74	5	0.34	0.001034
R50F40	50	40	4.1	5.26	0.28	0.00083
R100F40	100	40	4.5	5.89	0.31	0.000897

根据式（6.4），通过试验数据分析，混凝土试件材料特性影响系数 A 取值见表 6-11。以 R100F20 混凝土试件为例，考虑再生骨料取代率、粉煤灰掺量对混凝土材料影响的孔隙率表达式为：

$$\rho_n = \rho_0 e^{0.000633 k_r k_f n} \tag{6.21}$$

$$k_r = -0.6513 r^2 - 0.2266 r + 1.878 \quad R^2 = 0.99 \tag{6.22}$$

$$k_f = 22.92 f^2 - 8.995 f + 1.8823 \quad R^2 = 0.99 \tag{6.23}$$

6.5.1.2 冻融—碳化作用下混凝土孔隙率分析

经过冻融—碳化作用下混凝土的孔隙率见表 6-12。通过表 6-12 可以发现，混凝土试件经过冻融—碳化作用以后，混凝土的孔隙率均出现增长的趋势。可以看出，经过 300 次冻融与 42d 碳化以后，各组混凝土试件孔隙率出现了不同的变化。在经过冻融—碳化作用以后，R0F0、R50F0、R100F0 混凝土试件孔隙率增加 36%、32%、35%；R0F0 混凝土孔隙率变化最大。然而对于粉煤灰掺量为 20% 的混凝土，R0F20、R50F20、R100F20 混凝土试件孔隙率增加 35%、30%、25%；R0F20 混凝土孔隙率变化最大。对于粉煤灰掺量为 40% 的混凝土，R0F40、R50F40、R100F40 混凝土试件孔隙率增加 35%、33%、32%；R0F40 混凝土孔隙率变化最大。通过以上分析得出的规律与碳化—冻融作用试验得出规律类似，再一次证明再生骨料的掺加对于混凝土的抗冻融循环与碳化双重作用性能有利。通过比较 R100F0、R100F20、R100F40 混凝土试件经过冻融—碳化作用以后的孔隙率变化为 35%、25%、32%，R100F20 混凝土孔隙率变化最小，与碳化—冻融作用试验得出结论一致。

表 6-12　　　　　　　　　　冻融—碳化作用下混凝土孔隙率

配合比	再生骨料 /%	粉煤灰 /%	孔隙率 ρ_0 /%	孔隙率 ρ_{300} /%	变化率	A
R0F0	0	0	3.95	5.38	0.36	0.00103
R50F0	50	0	4.36	5.74	0.32	0.00092
R100F0	100	0	4.85	6.55	0.35	0.00100
R0F20	0	20	3.8	5.14	0.35	0.00101
R50F20	50	20	4.24	5.5	0.30	0.00087
R100F20	100	20	4.59	5.72	0.25	0.00073
R0F40	0	40	3.74	5.05	0.35	0.00100
R50F40	50	40	4.1	5.45	0.33	0.00095
R100F40	100	40	4.5	5.92	0.32	0.00091

根据式（6.4），通过试验数据分析，混凝土试件材料特性影响系数 A 取值见表 6-12。以 R100F20 混凝土试件为例，考虑再生骨料取代率、粉煤灰掺量对混凝土材料影响的孔隙率表达式为：

$$\rho_n = \rho_0 e^{0.00073 k_r k_f n} \tag{6.24}$$

$$k_r = -1.0322 r^2 - 0.0654 r + 2.0976 \quad R^2 = 0.99 \tag{6.25}$$

$$k_f = 24.891 f^2 - 10.412 f + 2.0867 \quad R^2 = 0.98 \tag{6.26}$$

6.5.2 冻融循环与碳化双重作用下混凝土孔隙分布分析

6.5.2.1 碳化作用下混凝土孔径分布规律

图 6-25 为 R100F20 混凝土经过碳化作用以后混凝土试件孔隙分布图。从图 6-25 可以看出，经过 7d 碳化作用后，混凝土的 T_2 谱分布主要仍然表现为三个峰。T_2 谱从形态上未发生明显的变化，小孔所对应的波峰出现了略微的减小，中孔以及大孔波峰减小幅度较大。也说明了再生混凝土在碳化的作用下，混凝土的各个尺寸均有所减小。7d 碳化作用以后，小孔与中孔减小幅度较小，大孔与中孔的减小幅度较大。分析原因可知：由于二氧化碳进入混凝土内部，会首先流向孔隙较大的地方，所以会在大孔以及裂缝处二氧化碳的含量较多，导致这些孔隙处发生的碳化作用较为明显，因此生成较多的碳酸钙。由此可以说明经过 7d 碳化以后，大孔及裂缝处的峰值下降幅度较大。随着碳化天数的进一步增多（14d 以后），混凝土各个峰值的幅度均有所减小，这个阶段内各个尺寸下孔隙峰值减小幅度基本没有差别，表明混凝土中碳化作用导致各个尺寸的孔隙都有所减少，因此核磁共振信号强度减小。14～28d 碳化过程中，可以发现大孔与裂缝的数量基本有没变化，然而小孔及中孔依然有所减少。说明前期的碳化作用导致大孔以及裂缝均已被填充，随着碳化作用的进行，大孔及裂缝数量基本没有变化。碳化天数从 0～7d 过程中，谱分布三个峰均减小，大孔及裂缝峰值减小较快；从 7～14d 碳化作用中，核磁共振信号明显减弱；28d 碳化以后，核磁共振信号强度进一步减弱，分布的三个峰也继续减小，尤其是小孔以及中孔尺寸孔隙减小趋势明显，大孔与裂缝所对应的波峰基本没有变化。从谱分布可以看出，在碳化作用下，由于在试验之前混凝土内的大孔及裂缝数量较少，大孔及裂缝首先容易被填充，随后小孔及中孔数量随着碳化时间的增长逐渐减小。

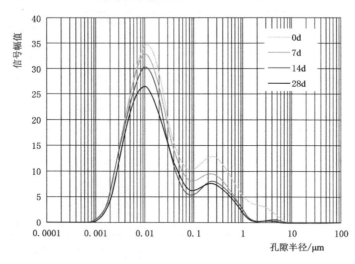

图 6-25 不同碳化天数下 R100F20 混凝土孔隙分布

不同碳化时间以后，R100F20 混凝土 T_2 谱面积的变化特性及每个峰所占比例见表 6-13。从表 6-13 可以看出，随着碳化天数的增加，T_2 谱面积逐渐减小，表明混凝土的孔隙体积随着碳化天数的增大而减小。从表 6-13 中可以直观的看出混凝土试样在 28d 碳化作用后的谱面积变化情况。随着碳化天数的增大，谱面积也会随之减小，且每个阶段减小的幅度也不同。经历过 7d、14d 以及 28d 碳化作用以后，谱面积分别减小 12.5%、24.1%、39.2%。随着碳化天数增加到 28d，T_2 谱面积出现了明显的增大，表明混凝土在碳化作用下生成产物填充了孔隙结构，从而使得整个混凝土中的总孔隙体积也逐渐减小。经历过 7d、14d 以及 28d 碳化作用以后，小孔与中孔谱面积分别减小 3%、13%、31%；大孔与裂缝谱面积分别减小 35%、48%、58%。每经过 7d 碳化作用以后，谱面积的变化率却相差很大，说明了不同的碳化阶段，混凝土的孔隙变化程度不同。随着碳化天数的增多，混凝土的孔隙变化程度明显加快，谱面积的变化率增大。

表 6-13   不同碳化天数下 R100F20 混凝土谱面积分布

碳化天数/d	谱面积	小孔所占面积	中孔所占面积	大孔所占面积	裂缝所占面积
0	807.11	269.86	286.31	215.48	35.46
7	706.10	276.26	265.90	159.33	4.62
14	612.32	251.65	230.10	124.77	5.80
28	489.93	201.32	184.08	99.82	4.71

根据表 6-13，可以得出不同尺寸孔隙在混凝土中所占的比例见图 6-26。从图中可以发现，未经过碳化作用的试件对应小孔与中孔的峰面积之和占谱面积的 68.9%，表明小尺寸的微孔隙占绝大多数。在经历 7d 碳化作用后，小孔与中孔所占比例稍微增大，大孔与裂缝所占比例减小较大。在经历 7~28d 碳化过程中，小孔与中孔所占的比例缓慢增大，裂缝所占比例基本没有变化。表明这个时间内，混凝土内部小孔与中孔在碳化作用下被填充，裂缝数量基本不变。随着碳化天数的增加，小孔、中孔、大孔在混凝土中的比例没有明显的规律，但是裂缝在混凝土中所占的比例在前期出现急剧下降，随后保持基本不变。

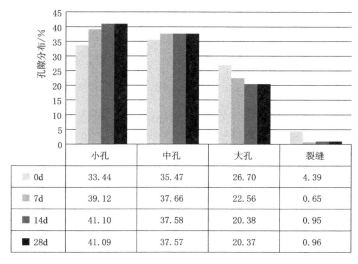

	小孔	中孔	大孔	裂缝
0d	33.44	35.47	26.70	4.39
7d	39.12	37.66	22.56	0.65
14d	41.10	37.58	20.38	0.95
28d	41.09	37.57	20.37	0.96

图 6-26   不同碳化天数下 R100F20 混凝土孔隙分布

根据图 6-26 分析可以得出：在碳化作用下，随着碳化天数的增多，混凝土中的微孔隙和大尺寸孔隙的变化阶段不同，在碳化的初期阶段，主要表现为大孔以及裂缝在碳化作用下被填充；随着碳化天数的增多，大孔及裂缝数量较少逐渐趋于平缓，而小尺寸孔隙在碳化作用下不断减小。这段时间是由于大孔及裂缝首先会在碳化作用下被完全填充，随后在小孔隙中进行反应。但当碳化作用次数增大到一定值时，裂缝数量基本不变，主要是小孔与中孔数量的逐渐减少。通过对混凝土从 0～28d 碳化作用后的孔隙变化分析，碳化作用下再生混凝土微观结构的损伤过程可以总结为 3 个阶段：大孔隙及裂缝的填充减小阶段—小孔、中孔、大孔裂缝均匀填充过渡阶段—小孔与中孔加剧减小阶段。

6.5.2.2　碳化—冻融作用下混凝土孔径分布规律

图 6-27 表示在碳化—冻融试验中经过 42d 碳化与 300 次冻融循环作用后 R50F0 再生混凝土孔隙分布曲线。分析可知，再生混凝土在经过碳化—冻融试验作用后以后，混凝土中主要孔隙仍然为小孔与中孔，大孔次之，裂缝最少。在 300 次冻融循环过程中，可以看出未侵蚀前最大峰值为 43；100 次冻融循环以后对应最大峰值为 40；200 次、300 次冻融循环以后对应最大峰值分别为 44 与 47.5。分析可知，随着冻融循环的次数的增加，混凝土的最大峰值出现了波动。

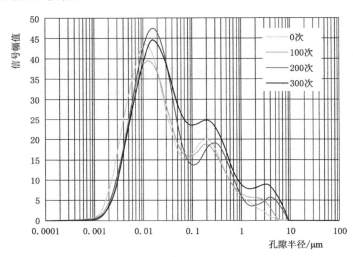

图 6-27　碳化—冻融作用试验中不同冻融循环次数后 R50F0 混凝土孔径分布

从图 6-27 可以看出，经过 100 次冻融循环作用后，混凝土 T_2 谱形态上未发生明显的变化，小孔所对应的波峰出现了明显的减小，中孔及大孔波峰变化不大，但是裂缝所对应的波峰出现了增长。说明了再生混凝土在冻融循环与碳化双重作用下，混凝土的小孔数量减少，大孔及中孔数量变化不大，裂缝数量有所增加。随着循环次数的进一步增多（200 次冻融循环以后），混凝土各个峰值的幅度均有所增加，但是可以看出小孔与中孔所对应的峰值增加较为明显，表明这个阶段内混凝土中小孔的数量较多，因此核磁共振信号强度增大。200～300 次冻融循环过程中，小孔及中孔数量稍有减少，大孔及裂缝数量增加较为明显。说明在这段时间内，小孔与中孔在冻融循环与碳化双重作用下逐渐贯通与扩展为大孔与裂缝，导致小孔及中孔信号降低，大孔与裂缝信号幅值明显地增强。

不同冻融循环次数，混凝土 T_2 谱面积的变化特性及每个峰所占比例见表 6-14。从表 6-14 以看出，随着冻融循环次数的增加，T_2 谱面积出现了先略微减小后逐渐增大的趋势。从表 6-14 中可以直观的看出混凝土试样在 300 次冻融循环作用后的谱面积变化情况。从表中可以看出，经过 100 次冻融循环以后，谱面积减小 5.8%。随着冻融循环的进行，谱面积开始增加；经历过 200 次，300 次冻融循环以后，谱面积分别增加 7.1%，19.8%。经历过 100 次、200 次及 300 次冻融循环以后，小孔与中孔对应谱面积分别增大 -11%、5%、2%；大孔与裂缝对应谱面积分别增大 4%、12%、58%。每经过 100 次冻融循环以后，谱面积的变化率相差较大，说明了不同的冻融循环损伤阶段，混凝土的孔隙变化程度不同；随着冻融循环次数的增大，混凝土的谱面积的变化率随之增大。

表 6-14　碳化—冻融作用试验中不同冻融循环次数后 R50F0 混凝土谱面积分布

冻融循环次数	谱面积	小孔所占面积	中孔所占面积	大孔所占面积	裂缝所占面积
0	1045.93	337.39	369.52	307.28	31.74
100	985.06	258.60	372.50	301.79	52.17
200	1120.88	270.55	471.56	317.31	61.46
300	1253.16	251.51	467.49	429.25	104.92

根据表 6-14，可以得出不同尺寸孔隙在混凝土中所占的比例，如图 6-28 所示。从图中可以发现，未经过侵蚀的试件对应小孔与中孔的谱面积之和占谱面积的 67.6%，表明小孔与中孔占混凝土内部孔隙绝大多数。在经历 100 次冻融循环作用后，小孔与中孔所占比例稍有减小，大孔与裂缝所占比例有所增大。分析可知，在经历 100 次冻融循环后，一方面，由于碳化作用使得混凝土内部孔隙中生成碳酸钙，导致小孔在碳化作用下有所填充；另一方面，混凝土在冻融循环与碳化双重作用下，混凝土内部的裂缝比例增加 2.33%。200 次冻融循环以后，小孔与中孔所占的比例缓慢增大，裂缝所占比例增加 0.18%。表明这个时间内，各个尺寸孔隙所占的比例变化不明显。但是 300 次冻融循环以后，小孔与中孔所占比例明显减小，大孔与裂缝所占比例明显增大。

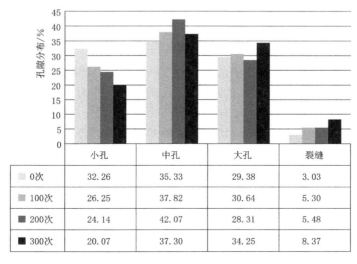

	小孔	中孔	大孔	裂缝
0次	32.26	35.33	29.38	3.03
100次	26.25	37.82	30.64	5.30
200次	24.14	42.07	28.31	5.48
300次	20.07	37.30	34.25	8.37

图 6-28　碳化—冻融作用试验中不同冻融循环次数后 R50F0 混凝土孔隙分布

根据图 6 - 28 分析可以得出：冻融循环与碳化双重作用下，随着冻融循环次数的增多，混凝土中的小尺寸孔隙和大尺寸孔隙的变化阶段不同。在冻融循环的初期阶段，主要表现为小孔与中孔的填充。随着冻融循环次数的增多，小孔与中孔孔隙数量增加，裂缝初步产生与发展，随后大孔及裂缝数量变化逐渐趋于平缓。最后，小孔与中孔数量急剧减小，大孔与裂缝数量加剧增大。通过对混凝土经过 42d 碳化与 300 次冻融循环后的孔隙变化分析，冻融循环与碳化双重作用下再生混凝土微观结构的损伤过程可以总结为 6 个阶段：小孔与中孔被填充减少阶段—小孔与中孔缓慢增加阶段—裂缝初步发展阶段—大孔及裂缝平缓过渡阶段—小孔与中孔急剧减小阶段—大孔与裂缝加剧扩展及内部结构破坏阶段。

6.5.3 碳化作用下混凝土孔隙结构损伤规律

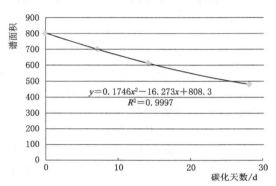

图 6 - 29 不同碳化天数下再生混凝土谱面积

在碳化作用下，再生混凝土内部的孔隙被碳化产物所填充，最终导致再生混凝土内部孔隙结构有所变化。经过不同时间碳化作用下以后，混凝土中的孔隙分布和孔隙体积的变化规律，可以为再生混凝土内部孔隙的演化规律提供依据。根据表 6 - 13 得出孔隙分布曲线谱面积与碳化天数之间的关系见图 6 - 29。

从图 6 - 29 可以看出，随着碳化天数的增加，再生混凝土的谱面积呈现逐渐减小的趋势，表明再生混凝土的孔隙体积随着碳化天数的增大而减小。对应小孔与中孔的第一个峰的峰面积占总面积的 68% 以上，表明小孔与中孔占再生混凝土内部孔隙总量的绝大部分。根据图 6 - 29，不同循环次数条件下核磁共振谱面积的变化曲线适合于多项式拟合，拟合结果如下式所示：

$$y = 0.1746x^2 - 16.273x + 808.3 \quad R^2 = 0.9997 \tag{6.27}$$

式中　y——再生混凝土碳化作用过程中核磁共振谱面积；

　　　　x——碳化天数；

相关系数为 0.9997。

图 6 - 30 为不同碳化天数下各种孔隙所占比例的变化，图中曲线的表示不同尺寸下孔隙分布比例的变化过程。从图中可以看出，小孔所占比例最大，其次为中孔与大孔，比例最小的为裂缝。在 0~7d 碳化作用过程中，小孔比例出现了小幅度的增加，中孔比例变化不明显，然而大孔与裂缝所占的比例均出现了逐渐减小的趋势。分析表明：在 0~7d 碳化作用下，二氧化碳与氢氧化钙生成的碳酸钙对各个尺寸孔隙进行了填充，因此大孔与裂缝的比例有所减少。小孔比例增加的原因是由于小孔中的二氧化碳气体较少，导致小孔中发生的碳化作用较少，当小孔减少的数量小于总孔隙减少的数量，导致小孔所占的比例有所增加。而在 7~14d 碳化作用过程中，小孔所占比例仍有所增加，然而大孔所占比例逐渐减小，裂缝所占比例稍微减小。说明在这个阶段，再生混凝土内部发生的反应与 0~7d 相似，小孔仍然没有足够的二氧化碳参与碳化作用。从 14~28d 碳化以后，中孔的变化趋势都趋于平缓，变化幅度不大，但是小孔的比例开始出现下降，大孔与裂缝的比例保持不

变。在这个阶段内，小孔中的二氧化碳浓度在长时间的碳化作用下有所增加，导致小孔比例有所减少。大孔与裂缝数量在 0～14d 已经基本在碳化作用下被完全填充，因此在 14～28d 碳化过程中所占比例变化不大。

根据图 6-30，各个尺寸孔隙对应的谱面积所占比例与碳化天数之间的关系曲线适合于多项式拟合，拟合结果见下列各式。

小孔所占百分比变化拟合曲线：

$$y = -0.0212x^2 + 0.8585x + 33.632 \tag{6.28}$$

中孔所占百分比变化拟合曲线：

$$y = -0.007x^2 - 0.2618x + 35.663 \tag{6.29}$$

大孔所占百分比变化拟合曲线：

$$y = 0.0165x^2 - 0.6848x + 26.658 \tag{6.30}$$

裂缝所占百分比变化拟合曲线：

$$y = 0.0118x^2 - 0.4355x + 4.0474 \tag{6.31}$$

6.5.4 冻融循环与碳化双重作用下混凝土孔隙结构损伤规律

根据表 6-14 得出孔隙分布曲线谱面积与循环次数之间的关系如图 6-31 所示。

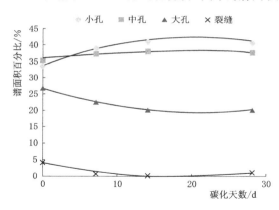

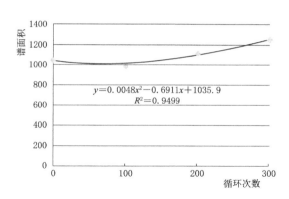

图 6-30 不同碳化天数下再生混凝土孔隙谱面积所占比例变化

图 6-31 冻融循环与碳化双重作用下再生混凝土谱面积变化

从图 6-31 可以看出，随着循环次数的增加，再生混凝土的谱面积呈现先稍微减小再逐渐增大的趋势，表明再生混凝土的孔隙体积随着循环次数的增大先减小后增大。对应小孔与中孔的第一个峰的峰面积占总面积的 67% 以上，表明小孔与中孔数量占再生混凝土内部孔隙数量的绝大部分。根据图 6-31，不同循环次数条件下核磁共振谱面积的变化曲线适合于多项式拟合，拟合结果见下式：

$$y = 0.0048n^2 - 0.6911n + 1035.9 \quad R^2 = 0.9499 \tag{6.32}$$

式中 y——再生混凝土冻融循环与碳化双重作用过程中核磁共振谱面积；

n——冻融循环次数；

相关系数为 0.9499。

图 6-32 为冻融循环与碳化双重作用后各种孔隙所占比例的变化图，图中曲线的表示

不同尺寸下孔隙分布比例的变化过程。从图6-32中可以看出，混凝土初始孔隙中依然为中孔所占比例最大，其次为小孔与大孔，所占比例最小的为裂缝。在0～100次冻融循环过程中，小孔比例下降较为明显，中孔、大孔与裂缝比例稍微增大。这个阶段内，由于混凝土碳化作用对于混凝土内部的小孔有所填充，所占比例减少；其他孔隙由于孔径较大，在前期的碳化作用下影响较小。而在100～200次冻融循环过程中，小孔所占比例仍然持

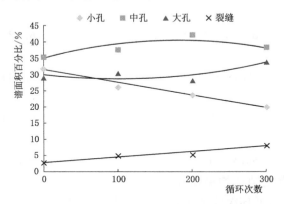

图6-32 冻融循环与碳化双重作用下再生
混凝土孔隙谱面积所占比例变化

续下降，中孔与大孔的比例增长趋于平缓，裂缝比例持续增长。说明在这个阶段，小孔与中孔在冻融循环与碳化双重作用下开始逐渐扩展为大孔及裂缝，裂缝的比例有所增加。从200～300次冻融循环过程中，小孔与中孔所占的比例均下降明显，大孔与裂缝数量增加较快。在这段时间内，由于碳化作用的持续进行会需要消耗水泥中的大量氢氧化钙，导致氢氧化钙从水泥基体中逐渐溶解出来；由于碳化作用的交替进行，部分胶凝体以及氢氧化钙不断从水泥基体中被溶解以及消耗，从而会在混凝土内部形成新的孔隙。然而这些新生成的孔隙大多数都是不封闭的，这些孔隙会在冻融循环的过程中逐渐扩展贯通，导致大孔及裂缝比例增加较为明显。综上所述：这四种孔隙体积比例不断变化的过程，表明了再生混凝土在冻融循环与碳化双重作用下，内部的损伤不断地发展。

根据图6-32，各个尺寸孔隙对应的谱面积所占比例与冻融循环次数之间的关系曲线适合于多项式与线性拟合，拟合结果见下列各式。

小孔所占百分比变化拟合曲线：

$$y = -0.0387n + 31.481 \tag{6.33}$$

中孔所占百分比变化拟合曲线：

$$y = 0.0002n^2 - 0.0646n + 34.79 \tag{6.34}$$

大孔所占百分比变化拟合曲线：

$$y = 0.0001n^2 - 0.0229n + 29.971 \tag{6.35}$$

裂缝所占百分比变化拟合曲线：

$$y = 0.0162n + 3.1169 \tag{6.36}$$

6.6 本 章 小 结

本章采用核磁共振技术，对复合侵蚀前后的再生混凝土试样进行了孔隙率及孔隙分布测量，获得了复合侵蚀作用条件下再生混凝土孔隙结构的损伤演化规律。主要研究成果如下：

（1）根据核磁共振技术，再生混凝土孔隙分布主要为三个峰，小孔与中孔所对应峰的

面积占谱面积的 60% 以上，表明再生混凝土内部微小孔隙占绝大部分。随着再生骨料取代率的增加，小孔与中孔所对的峰值增加明显，大孔与裂缝对应的峰值变化较小。随着粉煤灰掺量的增加，所有波峰有整体向左移动的趋势，表明再生混凝土内的孔隙半径整体减小。

（2）经过复合侵蚀作用后，各组混凝土的孔隙率均出现增大，但是随着再生骨料取代率与粉煤灰掺量的不同，混凝土的孔隙率增长幅度有所差异。再生骨料取代率为 100% 与粉煤灰掺量为 20% 时，混凝土的孔隙率增长幅度最小。

（3）冻融循环作用下再生混凝土微观结构的损伤过程可以总结为 5 个阶段：小孔与中孔产生和发展阶段、小孔与中孔加剧扩展阶段、大孔产生和发展阶段、大孔加剧扩展阶段、大孔及裂缝加剧扩展内部结构破坏阶段。

（4）冻融循环与硫酸盐侵蚀双重作用下混凝土微观结构的损伤过程可以总结为 6 个阶段：小孔产生和发展阶段、小孔与中孔被填充减少阶段、小孔与中孔加剧扩展阶段、大孔产生和发展阶段、大孔发展遏制稳定阶段、裂缝数量加剧扩展及内部结构破坏阶段。

（5）碳化作用下再生混凝土微观结构的损伤过程可以总结为 3 个阶段：大孔及裂缝的填充减小阶段、小孔、中孔、大孔及裂缝均匀填充过渡阶段、小孔与中孔加剧减小阶段。

（6）冻融循环与碳化双重作用下再生混凝土微观结构的损伤过程可以总结为 6 个阶段：小孔与中孔被填充减少阶段、小孔与中孔缓慢增加阶段、裂缝初步发展阶段、大孔及裂缝平缓过渡阶段、小孔与中孔急剧减小阶段、大孔与裂缝加剧扩展及内部结构破坏阶段。

第7章 复合侵蚀作用下再生骨料水工混凝土微观结构损伤机理研究

再生混凝土发生冻融破坏是由于混凝土孔隙中的部分孔溶液受冰冻影响体积膨胀，迫使未结冰的孔溶液从结冰区经过水泥浆体结构向外迁移，在此期间需要克服黏滞阻力，从而产生静水压力，形成破坏应力对再生混凝土产生破坏。再生混凝土遭受硫酸盐侵蚀破坏的实质是硫酸盐环境中的侵蚀性离子进入混凝土内部，发生化学反应从而生成膨胀性产物，导致混凝土内部发生物理变化与化学变化，造成内部结构松散，从而影响混凝土的宏观性能。在碳化作用的过程中，水泥中的碱性物质会与二氧化碳反应生成碳酸钙。然而在以上三种因素复合侵蚀作用下再生混凝土内部的微观结构损伤更加复杂，本章将开展再生混凝土在冻融循环、冻融循环与硫酸盐侵蚀、冻融循环与碳化双重作用下的微观试验研究，采用 SEM、XRD 与 EDS 等微观技术手段，研究复合侵蚀作用下再生混凝土的微观结构变化与侵蚀产物结构形态和特征，揭示再生混凝土的微观损伤劣化机理。

7.1 混凝土微观结构测试试验概况

7.1.1 电镜扫描分析

扫描电镜（Scanning Electron Microscope，SEM）。电子扫描镜的基本工作原理是：当扫描电镜的电子束扫描到材料表面的时候，仪器内部的阴极射线管内的电子束就会释放信号，与此同时样品表面的电子束将会同步进行扫描，材料样品上反射回来的电子束通过探测器接收，并用它来调整扫描电镜中的显像管中电子束发射的强度，因此就会在阴极射线管的屏幕上得到材料相应的扫描电子显微像。由于扫描电镜中的电子束会在不同材料样品表面进行扫描，与不同物质之间发生相互作用，就会产生不同的电子束信号，因此最终获得的材料显微图像也有所不同。

本节采用电镜扫描技术对再生混凝土在复合侵蚀作用下进行微观损伤分析，主要分析复合侵蚀前后再生混凝土内部微结构演化过程及侵蚀产物分布情况。本章使用的试验仪器为西安理工大学水工试验室引进的捷克 TESCAN 公司的 VGEA3 扫描电镜试验系统，如图 7-1（a）所示。本试验中用于电镜扫描的试样来自抗压强度试验后微小颗粒样品，控制样品的粒径为 25mm 左右。使用黑色导电胶固定混凝土颗粒样品于载物盘上。试样固定好之后，采用氮气对于试样表面的粉尘进行清理。随后采用 SBC-12 小型离子溅射仪对混凝土试样进行喷金。在喷金的过程中，设置合理的小型离子溅射仪工作参数，保证混凝土的表面能够均匀的覆盖一层金粉。在喷金结束以后，在室温下放置等到混凝土试样表面的金浆干燥以后，方可放入扫描电镜中进行观察。混凝土喷金设备采用 SBC-12 小型离子溅射仪，如图 7-1（b）所示。

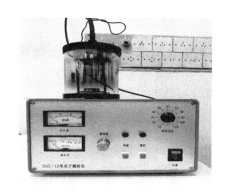

（a）　　　　　　　　　　　　　　　（b）

图 7-1　SEM 检测设备

（a）扫描电子显微镜；（b）离子溅射仪

7.1.2　X 射线衍射分析

本试验采用西安理工大学材料学院 XRD-6100 型 X 射线衍射仪进行试验，仪器基本参数：X 射线发生器：18kW；额定电压：20～60kV；额定电流：10～300mA；稳定度：±0.01%。XRD-6100 型 X 射线衍射仪外形如图 7-2 所示。

混凝土粉末来源于抗压试验中混凝土破碎后的微小颗粒。在混凝土试样取样过程中，粉末样品应有一定的粒径要求，粒径大小约在 1^{-10} m 数量级。在混凝土试样放入载物盘前，需要采用酒精对于载物盘进行清洗，保证没有杂质对于试验结果造成一定的误差。在混凝土粉末压制的过程中不需要采用黏结剂。进行压制的时候，所用的压力不要过大防止颗粒分布不均匀，保持适中压力确保能够压平混凝土粉末。

本次试验采用冻融循环与硫酸盐侵蚀双重作用后混凝土粉末作为样品，粉末经 200～325 目筛子筛选，并压在载物盘浅框中，注意保证混凝土粉末试样的高

图 7-2　XRD-6100 型 X 射线
衍射仪外形

度与浅框的顶部齐平。试验条件为：衍射仪电压 40kV，电流 200mA；步长为 1°。对于已知物质的物相分析，可以通过软件与标准 PDF 卡片进行比较，从而得出试验结果。本次试验使用 Jade5.0 软件，通过对比 PDF 卡片，确定不同角 2θ 所对应的晶面从而进行物相分析。

7.2　冻融循环作用下混凝土电镜扫描分析

再生混凝土作为一种由骨料、水泥、砂浆等组成的多相复合材料，其损伤一般是各种

初始微缺陷（如孔隙、微裂纹）的萌生、扩展、贯通的损伤发展劣化过程。因此，要真正了解再生混凝土在冻融循环作用下的损伤破坏机理，就必须对材料的微观损伤特征进行研究。

7.2.1　再生骨料取代率对混凝土微观损伤的影响

图 7-3～图 7-5 分别表示 R0F0、R50F0、R100F0 混凝土在不同冻融循环次数下试样孔隙微观损伤特征图。

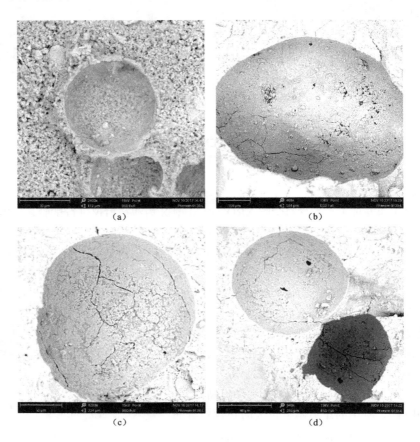

(a)　　　　　　　　　　　　　　　　　(b)

(c)　　　　　　　　　　　　　　　　　(d)

图 7-3　不同冻融循环次数下 R0F0 混凝土电镜扫描图片

(a) 0 次；(b) 100 次；(c) 200 次；(d) 300 次

对图 7-3～图 7-5 分析可以发现，不同冻融循环次数下，混凝土试样孔隙裂缝发展微观特征不同；相同冻融循环次数下，再生骨料取代率对混凝土试样的冻融循环裂缝发展微观特征产生影响，具体如下。

从图 7-3（a）可以看出，R0F0 混凝土冻融循环之前，表面孔隙较为光滑，孔隙的边缘也较为完整，没有出现微小初始裂隙。可以分析这个阶段混凝土的宏观力学及耐久性能良好。当经历 100 次冻融循环以后［如图 7-3（b）所示］，孔隙中逐渐出现微小裂缝，但是这些裂缝特征为延伸长度较短，裂缝宽度较窄，没有出现贯穿性裂缝，可以分析这个阶段混凝土的宏观力学及耐久性能有较小的损伤。混凝土试件经过 200 次

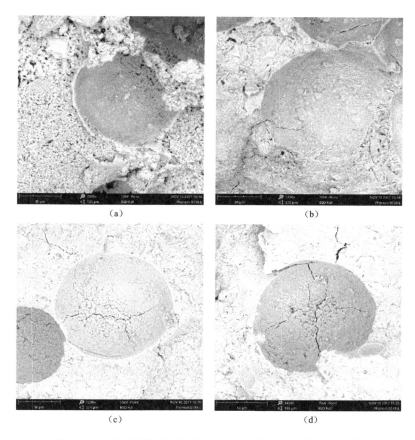

图 7 - 4　不同冻融循环次数下 R50F0 混凝土电镜扫描图片
(a) 0 次；(b) 100 次；(c) 200 次；(d) 300 次

冻融循环以后，可以看到混凝土孔隙内的裂缝随着冻胀压力的作用下，裂纹的宽度增加，并在孔隙内不断延伸形成网状的裂缝布局，如图 7 - 3 (c) 所示。当混凝土试件经过 300 次冻融循环以后，裂缝进一步扩大，宽度也有所增大。可以看出裂缝不仅在孔隙内进行网状扩张，而且与周围的裂缝形成贯穿性裂缝。从图 7 - 3 (d) 中可以看到有两条较长的裂缝穿过图中的两个孔隙，并向外不断延伸。这个时期内混凝土试样的完整性受到破坏，试样逐渐被裂纹分割成众多小块，表现出易碎性，这对于混凝土的力学性质及耐久性影响较大。

　　从图 7 - 4 (a) 可以看出，R50F0 混凝土在冻融循环之前，表面孔隙较为光滑，孔隙的边缘也较为完整。在孔隙的右上方出现了几个微小的裂缝，分析原因是孔隙在水化过程中产生的干缩裂缝，这类裂缝在冻融循环之前就会在孔隙中产生，但是它们不会对混凝土力学及耐久性能有所影响。当经历 100 次冻融循环以后［如图 7 - 4 (b) 所示］，孔隙边缘产生微小裂缝，这些裂缝宽度及长度较小，没有出现贯穿性裂缝，这段时间内再生混凝土的宏观力学及耐久性能稍有较少。R50F0 混凝土经过 200 次冻融循环以后，冻融循环导致再生混凝土孔隙裂缝的宽度增加，在孔隙内以及相邻孔隙之间不断延伸，形成网状的裂缝

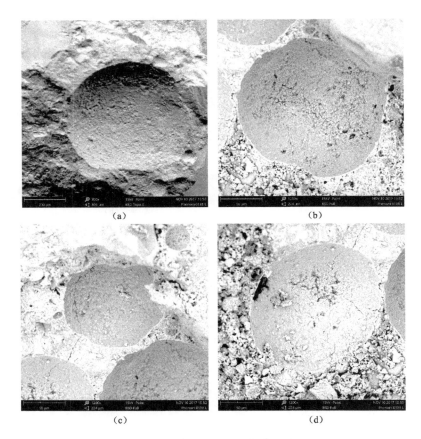

图 7-5 不同冻融循环次数下 R100F0 混凝土电镜扫描图片

(a) 0 次；(b) 100 次；(c) 200 次；(d) 300 次

布局，如图 7-4（c）所示。R50F0 混凝土经过 300 次冻融循环以后，裂缝进一步扩大，宽度也有所加大。可以看出裂缝不仅在孔隙内进行网状扩张，而且与周围的裂缝形成贯穿性裂缝，从图 7-4（d）中可以看到孔隙周围的砂浆中出现了较大的裂缝，裂缝穿过砂浆颗粒向外延伸。这个时期内混凝土试样的完整性受到破坏，表面凹凸不平，表现出易碎性，这对于混凝土的力学性质及耐久性影响较大。

从图 7-5（a）可以看出，R100F0 混凝土在冻融循环之前，表面孔隙较为光滑，孔隙的完整性较好，没有观察到微小裂缝出现。100 次冻融循环以后［如图 7-5（b）所示］，孔隙中的裂缝数量较少，而且都是微小裂缝，没有出现宽度较宽、长度较长的裂缝，这段时间内再生混凝土耐久性能基本不受影响。200 次冻融循环以后［如图 7-5（c）所示］，可以观察到有一条裂缝在孔隙中产生，没有出现网状的裂缝延伸面，如图 7-5（c）所示。经过 300 次冻融循环以后，裂缝进一步扩展，宽度也有所加大。可以看出裂缝在孔隙内进行网状扩张，无贯穿性裂缝产生，如图 7-5（d）所示。

综合比较图 7-3～图 7-5（a）中混凝土孔隙裂缝变化过程，掺入再生粗骨料以后，在经历冻融循环之前，再生混凝土试样的孔隙微观结构特征没有明显的变化，孔隙断面较为光滑平整，孔隙结构的完整性能较好。经过冻融循环以后，可以明显发现，随着再生粗骨料的增加，再生混凝土孔隙结构中裂缝的数量少于天然骨料混凝土。100 次冻融循环以后，对于 R50F0 与 R100F0 混凝土试样，孔隙结构仍然较为完整，没有出现较多的微小裂缝；然而对于 R0F0 混凝土试件，孔隙内部已经出现较多微小裂缝。对于 R0F0 混凝土试样，其孔隙内部较为粗糙，出现大量微小裂纹，完整性最差；对于 R100F0 混凝土试样，其孔隙断面完整度较好，出现少量裂纹，完整性最优。300 次冻融循环以后，对于未掺加再生骨料的混凝土试样，其断面均存在大量的裂纹，试样被分割，完整性较差。分析原因是再生骨料内部拥有较多微小孔隙及潜在微小裂纹，这些孔隙及裂纹会及时释放冻融循环中形成的冻结应力，导致冻融破坏的程度越小。

7.2.2 粉煤灰掺量对混凝土微观损伤的影响

图 7 - 6、图 7 - 7 分别给出了混凝土试件 R100F20、R100F40 在不同冻融循环次数下混凝土试样孔隙微观损伤特征图。对图 7 - 6、图 7 - 7 分析可得，不同冻融循环次数下，混凝土试样的微观损伤特征不同；相同冻融次数下，粉煤灰掺量对试样的冻融循环裂缝微观特征产生影响，具体如下。

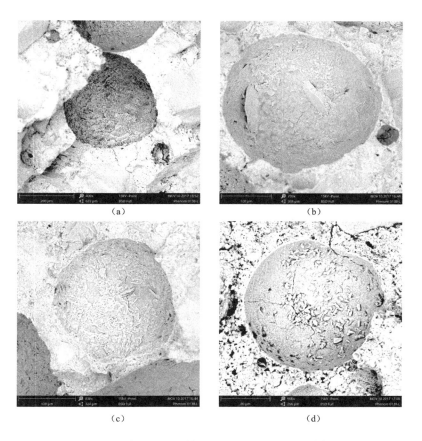

(a)　　　　　　　　　　　(b)

(c)　　　　　　　　　　　(d)

图 7 - 6　不同冻融循环次数下 R100F20 混凝土电镜扫描图片

(a) 0 次；(b) 100 次；(c) 200 次；(d) 300 次

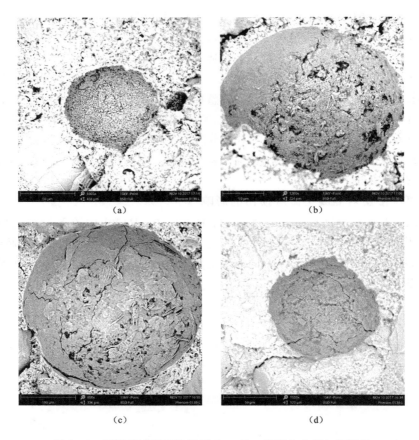

图 7 - 7 不同冻融循环次数下 R100F40 混凝土电镜扫描图片
(a) 0 次；(b) 100 次；(c) 200 次；(d) 300 次

从图 7 - 6 (a) 可以看出，R100F20 混凝土在冻融循环之前，孔隙表面完整光滑，从图中可以观察到未水化的粉煤灰颗粒，未观察到初始裂缝产生。当经历 100 次冻融循环以后 [如图 7 - 6 (b) 所示]，孔隙中仍然没有出现裂缝，表面较为光滑。相比未冻融之前，可以看到粉煤灰颗粒水化较多，未水化粉煤灰颗粒较少。这一阶段混凝土的力学及耐久性能基本没有变化。再生混凝土试件经过 200 次冻融循环以后，可以看到再生混凝土孔隙内的裂缝在冻胀压力的作用下，出现少量的微小裂缝，裂缝宽度及长度较小，如图 7 - 6 (c) 所示。当再生混凝土试件经过 300 次冻融循环以后，裂缝没有出现较大的变化。从图 7 - 6 (d) 中可以看出裂缝在孔隙内进行网状扩张，无贯穿性裂缝产生。这个时期内混凝土试样的完整性受到轻微破坏，可以看出孔隙的完整度表现较好，这对于混凝土的力学性质及耐久性影响较小。

从图 7 - 7 (a) 可以看出，R100F40 混凝土在未冻融之前，孔隙表面较为光滑完整，无干缩裂缝。当经历 100 次冻融循环以后 [如图 7 - 7 (b) 所示]，孔隙中央产生微小裂缝，这些裂缝宽度及长度较小，没有出现贯穿性裂缝，这段时间内再生混凝土的宏观力学及耐久性能稍有降低。R100F40 混凝土经过 200 次冻融循环以后，冻融循环导致再生混凝土孔隙裂缝的宽度增加，在孔隙内以及相邻孔隙之间不断延伸，形成网状的裂缝布局，如图 7-7（c）所示。R100F40 混凝土经过 300 次冻融循环以后，裂缝进一步扩大，宽度也有所加大。虽然在孔隙内形成了网状的裂纹扩张，但是并未出现贯穿性裂缝。从图 7-7（d）中可以看到孔隙周围的砂浆中出现了较大的裂缝，裂缝穿过砂浆颗粒向外延伸。这个时期内再生混凝土试样内部结构的完整性受到破坏，影响再生混凝土力学及耐久性能。

综合比较图 7-5~图 7-7（a）中再生混凝土孔隙裂缝变化过程，掺入粉煤灰以后，在经历冻融循环之前，再生混凝土试样的孔隙破坏微观特征没有较大的变化，孔隙断面较为光滑平整，孔隙结构的完整性能较好。主要区别在于掺入粉煤灰的再生混凝土试件，在未冻融之前孔隙内可以观察到未水化完全的粉煤灰颗粒。经过冻融循环以后，可以发现掺加 20%粉煤灰再生混凝土孔隙结构中裂缝的数量少于掺加 0 与 40%粉煤灰再生混凝土。100 次冻融循环以后，R100F20 与 R100F40 混凝土试样孔隙结构仍然较为完整，没有出现较多的微小裂缝；然而 R100F0 混凝土试件孔隙内部表面已经出现微小裂缝。在 200 次冻融循环以后，R100F0 与 R100F40 混凝土试样孔隙内部较为粗糙，出现大量微小裂缝，完整性差；R100F20 混凝土试样孔隙断面完整度较好，出现零星裂缝，完整性较好。达到 300 次冻融循环时，R100F20 混凝土试样断面存在少量的裂缝，试件完整度优于 R100F0 与 R100F40 混凝土。分析原因主要是粉煤灰的加入会改变再生混凝土的孔隙结构特征，能够减小混凝土的孔隙率，增加无害孔的数量。但是随着粉煤灰掺量的增加，再生混凝土的强度会有所较少，从而会间接影响混凝土的耐久性。

7.3 冻融循环与硫酸盐侵蚀双重作用下混凝土电镜扫描分析

7.3.1 再生骨料取代率对混凝土微观损伤的影响

本次试验选取 R0F0、R50F0、R100F0 混凝土来比较再生骨料取代率对于混凝土微观结构的影响。通过这三种混凝土试样的电镜扫描试验，来观察分析经过 300 次冻融循环与硫酸盐侵蚀作用以后混凝土内部的微观结构变化。

图 7-8 表示经过 300 次循环后 R0F0 混凝土电镜扫描图。从图 7-8（a）可以看出，R0F0 混凝土在复合侵蚀之前，混凝土的表面较为光滑，主要为一些水泥颗粒。可以看出 C-S-H 晶体与氢氧化钙晶体都较为完整，没有出现孔洞及裂缝部分。

从图 7-8（b）可以看出，R0F0 混凝土经过了 150 次冻融循环与硫酸盐侵蚀双重作用以后，可以看到混凝土孔隙内出现了少量的针状晶体，可以看到此时的针状晶体填充了再生混凝土内部的孔隙，使得混凝土孔隙被针状晶体堵塞，使得整体的混凝土微观结构较为密实。从图中可以看出，这个时期内这些针状晶体较短，近似于草状，表现为簇拥状。此时的 C-S-H 晶体与氢氧化钙晶体也都表现为完整的状态，未出现明显的微裂纹，因此这个阶段可以表现为混凝土在微观层面力学及耐久性能增强。

从图 7-8（c）可以看出，R0F0 混凝土经过了 300 次冻融循环与硫酸盐侵蚀双重作用以后，可以看到混凝土孔隙内出现了大量的针状晶体，可以看到此时的针状晶体已经延伸到了混凝土的表面及孔隙内部。从图 7-8（d）中的 EDS 分析可以得出，此针状晶体的组成成分主要有 Al、Si、S、Ca、O 和 H 等化学元素，再根据各个化学元素的组成含量，

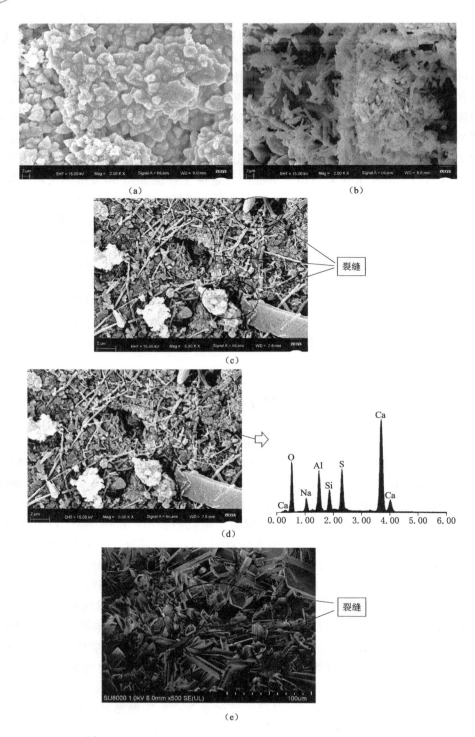

图 7-8（一）　经过 300 次循环后 R0F0 混凝土电镜扫描图

(a) 0 次；(b) 150 次；(c) 300 次；(d) 300 次；(e) 300 次；(f) 300 次

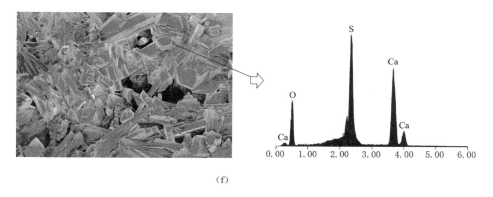

(f)

图 7-8（二）　经过 300 次循环后 R0F0 混凝土电镜扫描图

(a) 0 次；(b) 150 次；(c) 300 次；(d) 300 次；(e) 300 次；(f) 300 次

可以推断此针状物为钙矾石。大量的钙矾石晶体聚集在一起的时候，体积的变化使得再生混凝土内部的孔隙结构受到很大的拉应力。当晶体产生的拉应力大于孔壁结构的抗拉强度的时候，孔隙就会遭到破坏。大量孔隙的破坏及连通，使得整体的混凝土微观结构较为松散，因此这个阶段可以表现为混凝土在微观层面力学及耐久性能降低。在图 7-8（c）中所标出的裂缝范围可以看出，此时混凝土试件出现了较多的裂缝。混凝土内部反应过程如下：

$$NaSO_4 \cdot 10H_2O + Ca(OH)_2 \longrightarrow CaSO_4 \cdot 2H_2O + 2NaOH + 8H_2O \qquad (7.1)$$

$$4CaO \cdot Al_2O_3 \cdot 13H_2O + 3(CaSO_4 \cdot 2H_2O) + 14H_2O \longrightarrow$$

$$3CaO \cdot Al_2O_3 \cdot 3CaSO_4 \cdot 32H_2O + Ca(OH)_2 \qquad (7.2)$$

钙矾石的溶解度很低，且会吸收水分子，使其体积增大了 2.2 倍。同时，钙矾石可以从碱性溶液中与水结晶析出，形成了很小的针状或者片状晶体，这些晶体可以析出并吸水膨胀，从而在水泥石中产生很大的内部应力，导致混凝土开裂破坏。此膨胀应力的大小与钙矾石结晶的大小和形貌有很大关系。当钙矾石结晶为板条状晶体时，一般不会产生膨胀开裂破坏；当溶液中的碱浓度较高时，所形成的钙矾石晶体形状则为小的针状或片状，此时钙矾石的吸附能力非常强，吸水后产生的膨胀应力使混凝土产生开裂破坏。当试验中侵蚀溶液中 SO_4^{2-} 浓度大于 1000×10^{-6} 时，此时溶液中不仅生成钙矾石，而且会有石膏（$2CaSO_4 \cdot 2H_2O$）结晶析出。从 $Ca(OH)_2$ 转变为石膏的过程中，体积增加较大，在内应力的作用下，混凝土发生破坏。当溶液中的浓度 SO_4^{2-} 大于 8000×10^{-6}，此时石膏侵蚀起主要作用，原因是溶液 pH 值低于 $11.5 \sim 12$ 时，钙矾石会发生分解而生成石膏。

从图 7-8（e）可以发现，R0F0 混凝土经过了 300 次冻融循环与硫酸盐侵蚀双重作用以后，可以看到混凝土孔隙内出现了大量的短柱状晶体，这些短柱状晶体仍然生长在混凝土的表面及孔隙内部。从图 7-8（f）中的 EDS 分析可以得出，此针状晶体的组成成分主要有 Na、Si、S、Ca、O 和 H 等化学元素，在根据各个化学元素的组成含量，可以推断此短柱状晶体为石膏晶体。根据相关文献可知，水泥石由于石膏晶体的产生，其体积会膨胀到 1.24 倍，但与钙矾石晶体不同的是石膏晶体侵蚀不会在试件中形成粗大裂纹，而是使得水泥颗粒整体松散而导致混凝土结构的力学破坏。从图 7-8（f）中可以看到，在石膏产生区域，混凝土的微小裂缝及钙矾石晶体产生较少。

图 7 - 9 为经过 300 次循环后 R50F0 混凝土电镜扫描图。从图 7 - 9（a）可以看出，R50F0 混凝土在侵蚀之前，混凝土的表面较为光滑，可以看到氢氧化钙晶体与 C - S - H 晶体都比较完整，表面分布着一些零星的微小裂缝，这些微小裂缝来自养护过程中产生的干缩裂缝。

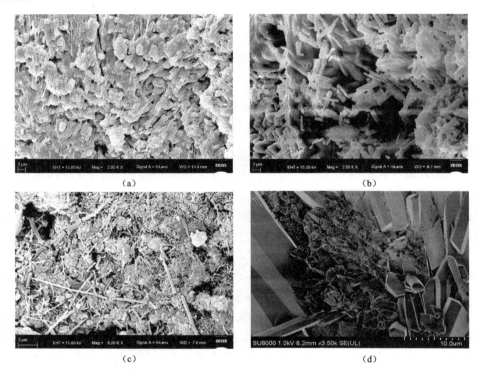

图 7 - 9　经过 300 次循环后 R50F0 混凝土电镜扫描图
(a) 0 次；(b) 150 次；(c) 300 次；(d) 300 次

从图 7 - 9（b）可以看出，R50F0 混凝土经过了 150 次冻融循环与硫酸盐侵蚀双重作用以后，孔隙中出现了针状钙矾石晶体，钙矾石晶体填充了再生混凝土内部的孔隙，减少再生混凝土微观孔隙率，宏观性能表现为密实状态。从图 4 - 26（b）中可以看出，这个时期内这些针状晶体较短，为簇拥状（草状），钙矾石晶体较短。此时的 C - S - H 晶体与氢氧化钙晶体也都表现为完整的状态，因此这个阶段可以表现为混凝土在微观层面力学及耐久性能增强。

从图 7 - 9（c）可以看出，R50F0 混凝土经过了 300 次冻融循环与硫酸盐侵蚀双重作用以后，产生大量的较长的针状钙矾石晶体，钙矾石晶体延伸到了混凝土的表面及孔隙内部。大量的钙矾石晶体聚集在一起的时候，体积的变化使得再生混凝土内部的孔隙结构受到很大的拉应力。当晶体产生的拉应力大于孔壁结构的抗拉强度的时候，孔隙就会遭到破坏。大量孔隙的破坏及连通，使得整体的混凝土微观结构较为松散，因此这个阶段表现为混凝土在宏观层面力学及耐久性能降低。从图 7 - 9（d）可以发现，R50F0 混凝土经过了

300 次冻融循环与硫酸盐侵蚀作用以后，混凝土的表面及孔隙内部出现大量的石膏晶体。

与图 7-8（c）、（d）中 R0F0 混凝土相比，R50F0 混凝土经过了 300 次冻融循环与硫酸盐侵蚀双重作用以后，产生的针状钙矾石晶体与石膏晶体较为零散，混凝土表面产生的微观裂缝也较少，只在右上角出现了一个明显的裂缝。

图 7-10 为经过 300 次循环后 R100F0 混凝土电镜扫描图。从图 7-10（a）可以看出，R100F0 混凝土在未侵蚀之前，再生混凝土的表面较为光滑，主要为一些水泥颗粒。可以看出 C-S-H 晶体与氢氧化钙晶体都较为完整，没有出现孔洞及裂缝。

从图 7-10（b）可以看出，R100F0 混凝土经过了 300 次冻融循环与硫酸盐侵蚀双重作用以后，针状钙矾石晶体零散地分布在混凝土表面，水泥石仍较为密实。表面产生的孔洞较少，水化产物较为完整。从图 7-10（c）可以发现，R100F0 混凝土经过了 300 次冻融循环与硫酸盐侵蚀作用以后，在混凝土的表面出现了零散的石膏晶体，周围水泥石较为密实。

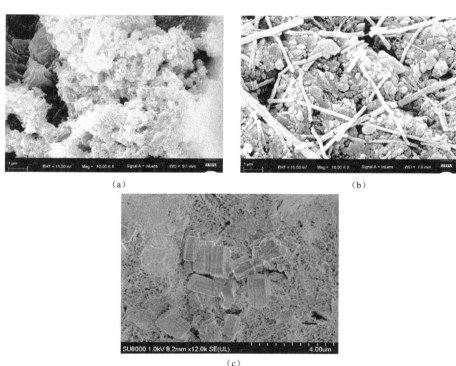

（a）　　　　　　　　　　　　　　（b）

（c）

图 7-10　经过 300 次循环后 R100F0 混凝土电镜扫描图
（a）0 次；（b）300 次；（c）300 次

与 R0F0、R50F0 混凝土相比，R100F0 混凝土经过了 300 次冻融循环与硫酸盐侵蚀作用以后，产生的针状钙矾石晶体与石膏晶体数量较少，在混凝土表面积内部产生的裂缝数量最少，没有出现明显的裂缝发展。

7.3.2　粉煤灰掺量对混凝土微观损伤的影响

图 7-11 为经过 300 次循环后 R0F20 混凝土电镜扫描图。从图 7-11（a）可以看出，

R0F20 混凝土在试验之前，再生混凝土的表面较为光滑。图中显示 C－S－H 晶体与氢氧化钙晶体都较为完整，没有出现孔洞及裂缝部分。

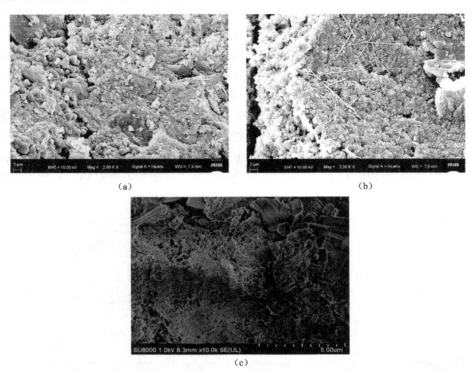

(a)　　　　　　　　　　　　　　　　(b)

(c)

图 7-11　经过 300 次循环后 R0F20 混凝土电镜扫描图

(a) 0 次；(b) 300 次；(c) 300 次

从图 7-11 （b） 可以看出，R0F20 混凝土经过了 300 次冻融循环与硫酸盐侵蚀双重作用以后，产生大量的较长的针状钙矾石晶体，钙矾石晶体延伸到了混凝土的表面及孔隙内部。可以看到针状钙矾石仅仅生长在混凝土的表面，没有出现较大的裂缝。混凝土表面仍然较为平缓，孔洞较少。从图 7-11 （c） 可以发现，R0F20 混凝土经过了 300 次冻融循环与硫酸盐侵蚀作用以后，混凝土的表面及孔隙内部出现少量的短柱状石膏晶体。

与图 7-8 （c）、（d） 中 R0F0 混凝土相比，R0F20 混凝土经过了 300 次冻融循环与硫酸盐侵蚀双重作用以后，产生的针状钙矾石晶体与石膏晶体数量较少，混凝土表面产生的微观裂缝也较少，表面光滑程度较高。

图 7-12 为经过 300 次循环后 R0F40 混凝土电镜扫描图。从图 7-12 （a） 可以看出，R0F40 混凝土在试验之前，混凝土表面出现较多絮状产物，是水泥与粉煤灰颗粒经过水化反应产生了水化硅酸钙胶凝体。图中显示 C－S－H 晶体与氢氧化钙晶体都较为完整，没有出现明显的孔洞及裂缝部分。

从图 7-12 （b） 可以看出，R0F40 混凝土经过了 300 次冻融循环与硫酸盐侵蚀双重作用以后，产生大量的较长的针状钙矾石晶体，钙矾石晶体延伸到了混凝土的表面及孔隙内部。钙矾石晶体覆盖在混凝土表面及裂缝处，混凝土表面出现一些微小的裂缝。

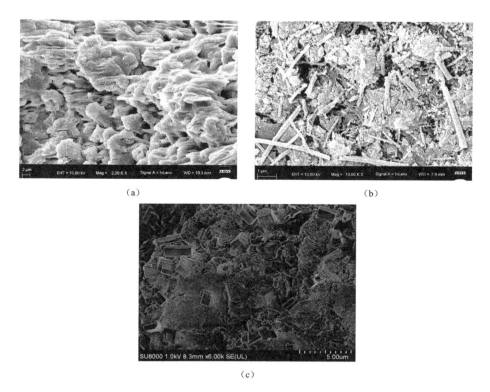

图 7－12　经过 300 次循环后 R0F40 混凝土电镜扫描图
(a) 0 次；(b) 300 次；(c) 300 次

从图 7－12（c）可以发现，R0F40 混凝土经过了 300 次冻融循环与硫酸盐侵蚀双重作用以后，混凝土的表面及孔隙内部出现少量的短柱状石膏晶体，表面还可以看到一些微小孔洞。

与 R0F0、R0F40 混凝土相比，R0F20 混凝土经过了 300 次冻融循环与硫酸盐侵蚀双重作用以后，产生的针状钙矾石晶体与石膏晶体数量较少，孔隙内部裂缝数量最少，没有出现明显的裂缝发展。通过微观层次的分析，与第 4 章 4.2.3 小节的宏观数据结论较为吻合：20％粉煤灰掺量再生混凝土在冻融循环与硫酸盐侵蚀双重作用下性能最优。

7.4　冻融循环与硫酸盐侵蚀双重作用下混凝土 XRD 分析

图 7－13 为不同再生骨料取代率混凝土经过 300 次冻融循环与硫酸盐侵蚀双重作用以后 XRD 曲线。从反应产物来看，可以看出主要有 SiO_2、$Ca(OH)_2$、$C-S-H$、石膏、钙矾石、$CaCO_3$ 等化学组成成分。从各个物质产生的波峰来看，R0F20、R50F20、R100F20 混凝土中最多的化学成分为 SiO_2。对于硫酸盐化学反应生成的石膏与钙矾石晶体含量而言，R0F20 混凝土中生成的石膏与钙矾石晶体波峰最高，说明 R0F20 混凝土经过 300 次冻融循环与硫酸盐侵蚀双重作用以后产生较多的石膏与钙矾石晶体；R50F20 混

凝土曲线中石膏与钙矾石晶体波峰居中，R100F20 混凝土中石膏与钙矾石晶体波峰最低。可以得到：再生骨料可以提高冻融循环与硫酸盐侵蚀双重作用下混凝土的耐久性能。因为再生骨料中的微小孔隙可以有效地释放冻融压力与石膏、钙矾石晶体产生的膨胀压力，从而减小裂缝生成量以及孔隙中石膏与钙矾石晶体生成量。

图 7-14 为不同粉煤灰掺量混凝土经过 300 次冻融循环与硫酸盐侵蚀双重作用以后 XRD 曲线。从反应产物来看，仍然主要有 SiO_2、$Ca(OH)_2$、$C-S-H$、石膏、钙矾石、$CaCO_3$ 等化学组成成分。对于硫酸盐化学反应生成的石膏与钙矾石晶体含量而言，R0F0 混凝土中生成的石膏与钙矾石晶体波峰最高，R0F40 混凝土曲线中石膏与钙矾石晶体波峰次之；R0F20 混凝土曲线中石膏与钙矾石晶体波峰最低，说明在 R50F20 混凝土在 300 次冻融循环与硫酸盐侵蚀双重作用下产生的石膏与钙矾石晶体最少。总结可得：因为粉煤灰可以有效地减小混凝土中孔隙的大小，调节混凝土孔隙结构，从而减少再生混凝土中石膏与钙矾石晶体的含量，所以适量的粉煤灰（20%）可以有效地提高混凝土在冻融循环与硫酸盐侵蚀双重作用下耐久性能。

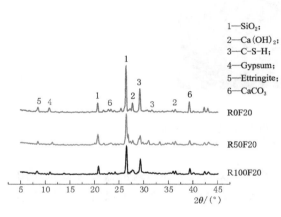

图 7-13　经过 300 次循环后不同再生骨料
取代率混凝土 XRD 图

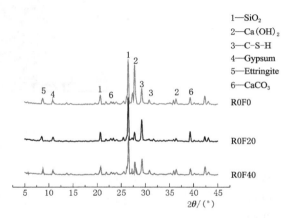

图 7-14　经过 300 次循环后不同粉煤灰
掺量混凝土 XRD 图

7.5　冻融循环与碳化双重作用下混凝土电镜扫描分析

7.5.1　碳化作用后混凝土电镜扫描分析

图 7-15 为 R50F0 混凝土经过不同碳化天数下再生骨料界面过渡区特征图。对图 7-15 分析可以发现，不同的碳化天数作用下，R50F0 混凝土试样的再生骨料界面过渡区微观变化特征不同，具体如下。

从图 7-15（a）可以看出，R50F0 混凝土冻融循环之前，混凝土表面有较多微小孔隙，可以看到微小孔隙的分布较为分散。而且可以观察到的周围砂浆形状不规则，有些呈纤维状，有些呈块状，表面平整度较差。当经历 7d 碳化作用以后［如图 7-15（b）所示］，砂浆表面的孔隙数量逐渐减少，但是仍然可以看到大量的孔隙在混凝土的表面，可

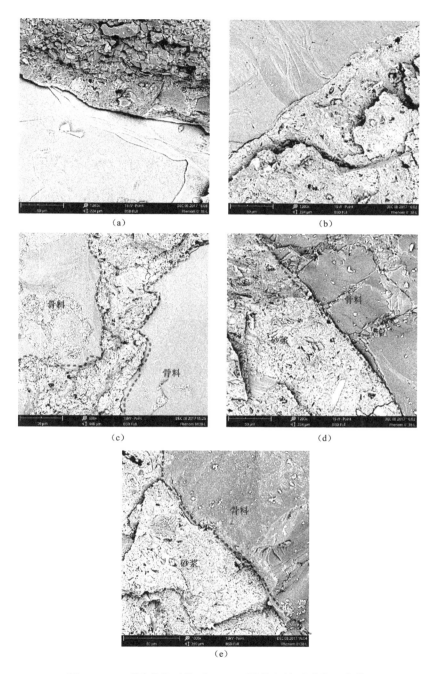

(a)　　　　　　　　　　　　　　　　(b)

(c)　　　　　　　　　　　　　　　　(d)

(e)

图 7 - 15　不同碳化天数下 R50F0 混凝土界面过渡区变化

(a) 0；(b) 7d；(c) 14d；(d) 28d；(e) 42d

以分析这个阶段混凝土的内部孔隙结构有所减少。再生混凝土试件经过 14d 碳化作用以后，可以看到砂浆表面的裂缝以及孔隙进一步减少，砂浆表面的平整度增强［如图 7 - 15 (c) 所示］。当再生混凝土试件经过 28d 及 42d 碳化作用以后，可以观察到混凝土表面水泥凝胶较为密集，微小孔隙减少。图7-15（e）左侧中下部，砂浆表面较为密实，孔隙量较少，表明碳化作用以后混凝土更加密实。

综合比较7-15中再生混凝土表面微观变化过程，随着碳化作用天数的增长，混凝土的孔隙结构有了较为明显的变化。混凝土表面平整度增强，微小孔隙数量减少，再生骨料界面过渡区裂缝数量减少。分析原因是碳化作用过程中，混凝土中的氢氧化钙与二氧化碳反应生成碳酸钙，会填充在混凝土的内部，导致混凝土内部结构的孔隙率减少。下面对不同粉煤灰掺量下再生混凝土在碳化作用下孔隙结构变化规律进行分析。

图7-16为R100F0混凝土经过碳化作用后孔隙表面结构变化。从图7-16（a）可以看出，R100F0混凝土在碳化作用之前，表面孔隙略微光滑，可以看到大孔隙里面分散着较多的小孔隙。孔隙的边缘不平整，砂浆表现为崎岖不平的现象。可以在大孔隙的表面看到一些微小的裂缝，这些裂缝是混凝土在水化过程中产生的干缩裂缝，对于混凝土的结构影响较小。当经历42d的碳化作用以后［如图7-16（b）所示］，孔隙边缘砂浆的平整度增大，大孔隙内部的微小孔隙基本消失，大孔隙内部表面的光滑度也有所增强。宏观表现为混凝土的内部结构变得密实。

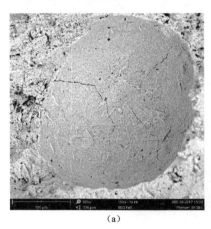 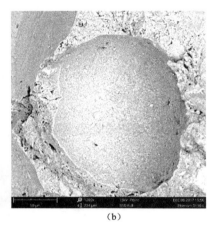

（a） （b）

图7-16 R100F0混凝土经过碳化作用后孔隙表面结构变化

（a）0；（b）42d

图7-17为R100F20混凝土经过碳化作用后孔隙表面结构变化。从图7-17（a）可以看出，R100F20混凝土在碳化作用之前，表面孔隙内部出现没有水化完全的粉煤灰，因此大孔隙内部不光滑。可以看到大孔隙里面分散着较多的小孔隙。孔隙的边缘不平整，砂浆表现为崎岖不平的现象。当经历42d的碳化作用以后［如图7-17（b）所示］，大孔隙边缘砂浆的平整度有了明显的增强，大孔隙内部的微小孔隙大部分已经被填充，孔隙表面的光滑度也得到了明显改善。宏观表现为混凝土的内部孔隙率降低，内部结构变得密实。

图7-18为R100F40混凝土经过碳化作用后孔隙表面结构变化。从图7-18（a）可以看出，R100F40混凝土在碳化作用之前，孔隙表面光滑度较差，可以明显的看到大孔隙里面分散着4个小孔隙。孔隙的边缘不平整，砂浆表现为崎岖不平的现象。当经历42d的碳化作用以后［如图7-18（b）所示］，孔隙边缘砂浆的平整度增大，大孔隙内部的

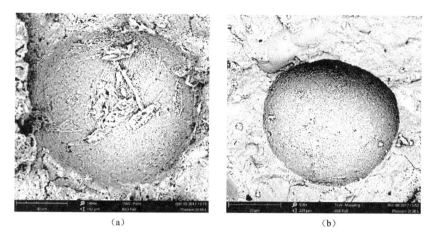

图 7 - 17　R100F20 混凝土经过碳化作用后孔隙表面结构变化

(a) 0；(b) 42d

4 个微小孔隙全部消失，大孔隙内部表面的光滑度也有所增强。宏观表现为混凝土的内部结构变得密实。

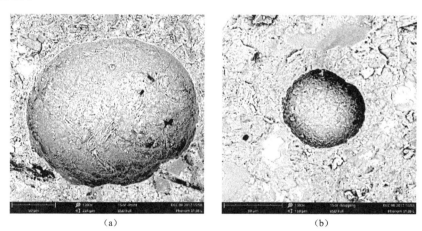

图 7 - 18　R100F40 混凝土经过碳化作用后孔隙表面结构变化

(a) 0；(b) 42d

7.5.2　碳化—冻融作用后混凝土电镜扫描分析

碳化—冻融作用试验中 R50F0、R50F20、R50F40 混凝土试件电镜扫描见图 7 - 19、图 7 - 20、图 7 - 21。对比图 7 - 19～图 7 - 21 分析可以发现，不同碳化—冻融作用次数下，混凝土试样的孔隙微观特征不同；相同碳化—冻融作用次数下，粉煤灰掺量会对混凝土的裂缝微观特征产生一定的影响，具体分析如下。

从图 7 - 19（a）可以看出，R50F0 混凝土在复合侵蚀之前，表面孔隙较为光滑，孔隙的边缘也较为完整，在孔隙的边缘仅仅出现了几条微小的干缩裂缝。可以分析这个阶段混凝土的宏观力学及耐久性能良好。当经历 100 次冻融循环以后［如图 7 - 19（b）所

139

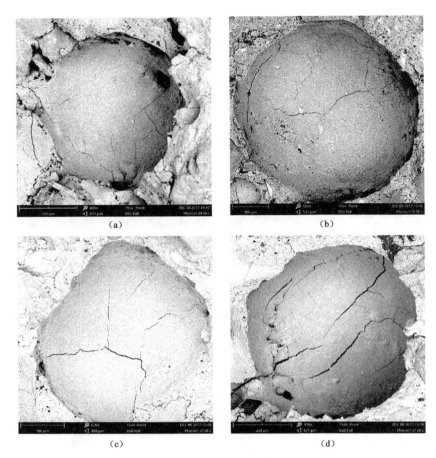

图 7-19　碳化—冻融作用下 R50F0 混凝土电镜扫描图
(a) 0 次；(b) 100 次；(c) 200 次；(d) 300 次

示]，孔隙中逐渐出现微小裂缝，但是这些裂缝特征为延伸长度较短，裂缝宽度较窄，没有出现贯穿性裂缝，可以分析这个阶段混凝土的宏观力学及耐久性能有较小的损伤。混凝土试件经过 200 次冻融循环以后，可以看到再生混凝土孔隙内的裂缝在冻胀压力的作用下，裂纹的宽度增加，在孔隙内不断延伸，形成网状的裂缝布局，如图 7-19 (c) 所示。当混凝土试件经过 300 次冻融循环以后，裂缝进一步扩张，宽度与深度均有大幅度的增长。可以看出裂缝不仅在孔隙内进行网状扩张，而且与周围的裂缝形成贯穿性裂缝，从图 7-19 (d) 中左下角有一条裂缝延伸到孔隙外部。经过 300 次冻融循环以后，混凝土试样的完整性受到破坏，试样逐渐被裂纹分割成众多小块，裂缝的大量生成导致混凝土内部结构松散。

从图 7-20 (a) 可以看出，R50F20 混凝土在复合侵蚀之前，表面孔隙较为光滑，孔隙的边缘也较为完整。可以在孔隙中观察到一些片状的晶体，可能是粉煤灰水化不完全导致的。当经历 100 次冻融循环以后 [如图 7-20 (b) 所示]，孔隙内部的平整度依然较为光滑，混凝土破坏较小，仅仅在孔隙中部出现一条小裂缝，这段时间内再生混凝土的宏观力学及耐久性能略有减少。R20F20 混凝土经过 200 次冻融循环以后，冻融循环导致再生

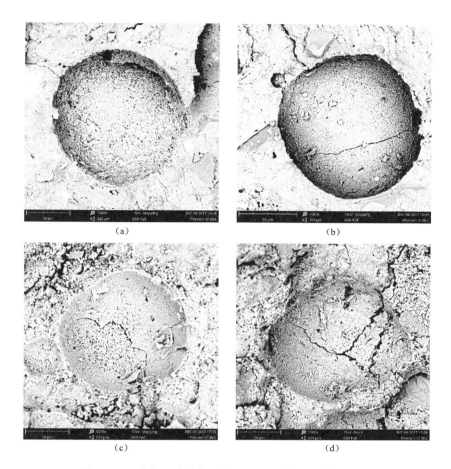

图 7-20　碳化—冻融作用下 R50F20 混凝土电镜扫描图
（a）0 次；（b）100 次；（c）200 次；（d）300 次

混凝土孔隙表面粗糙度增加，大孔隙表面出现了凹凸不平的现象。然而裂缝没有明显的发展趋势，如图 7-20（c）所示。R20F20 混凝土经过 300 次冻融循环以后，裂缝数量明显的增多，裂缝的宽度与深度也有所加大。可以看出裂缝不仅在孔隙内进行网状扩张，而且与周围的裂缝形成贯穿性裂缝，从图 7-20（d）中可以看到孔隙周围的砂浆中出现了较大的裂缝，裂缝穿过砂浆颗粒向外延伸。这个时期内再生混凝土试样的完整性受到破坏，表面凹凸不平，表现出易碎性，这对于再生混凝土的力学性质及耐久性影响较大。

从图 7-21（a）可以看出，R50F40 混凝土在复合侵蚀之前，大孔隙表面光滑度较差，孔隙内部有粉煤灰水化不完全的产物，没有观察到微小裂缝出现。冻融循环 100 次以后［如图 7-21（b）所示］，孔隙中的裂缝数量较少，仅出现 1 条微小裂缝，没有观察到宽度较深、长度较长的裂缝。这段时间内再生混凝土耐久性能基本不受影响。冻融循环 200 次以后［如图 7-21（c）所示］，可以观察到有 3 条裂缝在孔隙中产生，出现了小范围的网状的裂缝延伸面，见图 7-21（c）。当再生混凝土试件经过 300 次冻融循环以后，裂缝进一步扩大，宽度也有所加大。可以看出裂缝在孔隙内进行网状扩张，无贯穿性裂缝

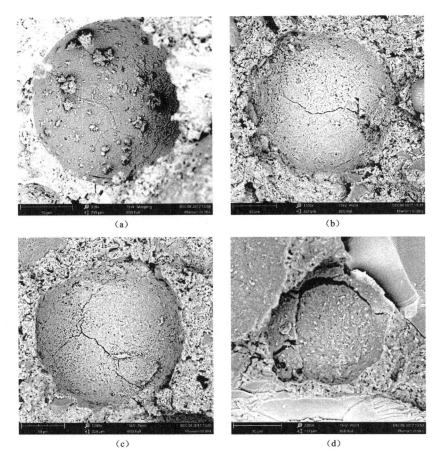

图 7-21 碳化—冻融作用下 R50F40 混凝土电镜扫描图

(a) 0 次；(b) 100 次；(c) 200 次；(d) 300 次

产生，如图 7-21 (d) 所示。

综合比较图 7-19～图 7-21 (a) 中再生混凝土孔隙裂缝变化过程，掺入粉煤灰掺量以后，在经历碳化-冻融作用之前，再生混凝土试样的孔隙破坏微观特征没有明显的变化，孔隙断面较为光滑平整，孔隙结构的完整性能较好，如图 7-19～图 7-21 (a) 所示。经过冻融循环以后，可以明显发现，随着粉煤灰掺量的增加，混凝土孔隙结构中裂缝的数量与未掺加粉煤灰混凝土差别较小。冻融循环 100 次以后，对于 R50F20 与 R50F40 混凝土试样，孔隙结构仍然较为完整，没有出现较多的微小裂缝；然而对于 R50F0 混凝土试件，在 100 次冻融循环以后，孔隙内部的网状裂缝已经稍微有所凸显。对于 R50F0 混凝土试样，其孔隙内部较为粗糙，出现大量微小裂纹，完整性最差；对于 R50F20 混凝土试样，其孔隙断面完整度较好，出现少量裂纹，完整性最优。冻融循环 300 次以后，掺加 20% 粉煤灰的混凝土试样相比其他两组，其断面裂缝数量减少，表面平整度较优。分析原因是粉煤灰的掺加导致混凝土内部结构发生改变。由于粉煤灰粒径较小，可以填充水泥胶体与混凝土内部孔隙从而减小混凝土的孔隙半径，而且可以改变混凝土界面过渡区，使得再生混凝土砂浆与骨料过渡区更加密实。微小孔隙有效地释放了冻融循环在孔隙中形成的冻融压力，导致混凝土孔隙受到冻胀压力较小，因此内部结构破坏的程度较低。

7.5.3 冻融—碳化作用后混凝土电镜扫描分析

冻融—碳化作用下的孔隙内部结构变化规律与碳化—冻融作用下的孔隙内部裂缝发展规律相似，因此本节着重考虑冻融—碳化作用下界面过渡区的微观损伤过程。R50F20 混凝土界面过渡区在冻融—碳化作用后的微观结构分析如图 7 - 22 所示。

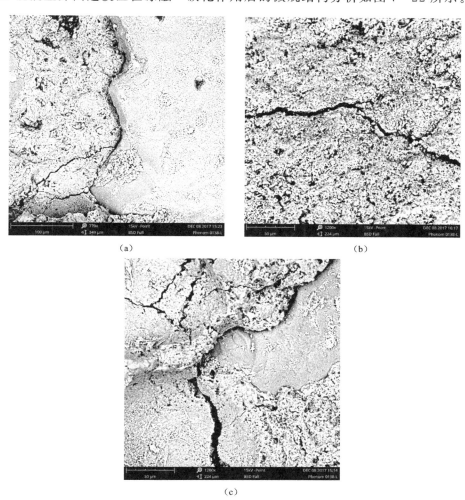

图 7 - 22 冻融—碳化作用下 R50F20 混凝土界面过渡区电镜扫描图
（a）100 次；（b）200 次；（c）300 次

综合比较图 7 - 22 中 R50F20 混凝土界面过渡区裂缝变化过程。经过 100 次冻融循环以后，可以明显发现图中右下角混凝土中出现了 2 条微小裂缝，这个裂缝出现在砂浆表面，混凝土界面过渡区没有出现明显的裂缝产生。冻融循环 200 次以后，可以看到砂浆的裂缝逐渐延伸，裂缝的宽度与长度都有所增加。达到 300 次冻融循环以后，可以看到混凝土的最宽裂缝出现在砂浆表面，砂浆处的裂缝一直延伸到界面过渡区，从而在界面过渡区处也产生了较深的裂缝。由此可以分析，冻融—碳化作用对于界面过渡区的影响规律是：由于碳化作用加固了界面过渡区，导致界面过渡区周围的砂浆首先出现破坏并产生微小裂缝。随着冻融循环的发展，裂缝的数量及宽度逐渐增加，从而形成贯穿性裂缝。这些裂缝会向周围延伸，从而破坏界面过渡区。

7.6　本　章　小　结

本章开展了复合侵蚀作用下再生混凝土的微观试验研究，采用 SEM、XRD 与 EDS 等微观技术手段，探讨了再生混凝土内部微观结构损伤演化规律。主要研究成果如下：

（1）随着冻融次数增大，再生混凝土试样的微观断面由光滑平整断面向凹凸不规则性发展；试样的完整性受到破坏，逐渐被贯穿性裂缝分割为几部分，表现出结构的松散性。经过 300 次冻融循环后，再生骨料取代率较多的混凝土试件孔隙表面裂缝较少，且粉煤灰掺量为 20％的时可以有效减少冻胀裂缝。

（2）冻融循环与硫酸盐侵蚀双重作用下，再生混凝土微观形貌中除了侵蚀产物针状钙矾石与柱状石膏的出现，还伴有冻融过程中产生的静水压力和渗透压力所引起的微裂纹，它们相互促进，加速了混凝土中微裂纹的扩展与结构疏松。随着循环次数增大，微裂隙不断产生和扩展，大尺寸孔隙甚至裂缝、孔洞逐渐出现，最终出现贯穿性裂纹，并导致混凝土损伤破坏。

（3）XRD 分析可以有效定量的分析再生混凝土在冻融循环与硫酸盐侵蚀双重作用下产生不同晶体的含量。再生骨料取代率为 100％与粉煤灰掺量为 20％时的混凝土，石膏与钙矾石衍射波峰值最低，表明在冻融循环与硫酸盐侵蚀双重作用下反应生成的膨胀产物最少，内部损伤较轻。

（4）再生混凝土经过碳化作用以后，再生混凝土表面平整度增强，微小孔隙数量减少，混凝土界面过渡区裂缝数量减少。在冻融循环与碳化双重作用试验中，由于碳化作用加固了混凝土界面过渡区，因此界面过渡区周围的砂浆首先遭到破坏，从而产生了微小裂缝。随着冻融循环的发展，裂缝的数量及宽度逐渐增加，从而形成贯穿性裂缝。这些裂缝会向周围延伸，最后破坏混凝土界面过渡区。掺加 100％再生骨料以及 20％粉煤灰的混凝土，经过冻融循环与碳化双重作用后微观表面损伤程度较轻。

第8章 结论与展望

8.1 研究结论

再生骨料水工混凝土的利用是保证水利行业绿色可持续发展的有效途径。水利工程服役环境的日益恶劣使得再生混凝土所处的环境也越来越复杂,很大程度地影响了混凝土结构的耐久性能。本书采用室内试验和理论分析等手段,选取了自然环境下影响再生混凝土结构耐久性的环境因素(冻融、硫酸盐及二氧化碳)的组合,开展了再生混凝土冻融循环试验、冻融循环与硫酸盐侵蚀双重作用试验、冻融循环与碳化作用双重作用试验。并借助电镜扫描、EDS分析、X射线衍射及核磁共振技术等分析系统,对再生混凝土经过复合侵蚀前后的微观结构特征和内部孔隙信息进行分析。基于损伤力学理论,建立了复合侵蚀作用下的再生混凝土损伤模型,并进一步考虑了不同再生骨料取代率及不同粉煤灰掺量对于损伤模型的影响。本书所取得的主要研究成果和结论如下:

(1)采用试验研究的方法,对不同再生骨料取代率以及不同粉煤灰掺量下再生混凝土在28d的力学性能及流动性能进行测试。试验结果表明,随着再生骨料取代率的增大,再生混凝土的抗压强度降低,流动性能减小;随着粉煤灰掺量的增大,再生混凝土的抗压强度降低,流动性能增大。

(2)采用试验研究的方法,对不同再生骨料取代率以及不同粉煤灰掺量下再生混凝土抗冻性能进行测试。试验结果表明,随着再生骨料取代率的增加,再生混凝土的质量损失率与相对动弹模量随之增加,表明再生骨料的掺加对于质量损失率产生不利影响,对于相对动弹模量产生有利影响;粉煤灰的增加可以有效地减少再生混凝土质量损失率,提高再生混凝土的相对动弹模量,但是随着粉煤灰掺量增加到40%时这种促进作用有所减弱。粉煤灰掺量为20%时,再生混凝土的质量损失率最小,相对动弹模量最大;再生混凝土经历300次冻融循环过程中,相对动弹模量变化主要分为两个阶段:缓慢下降期;加速下降期。第一个阶段再生混凝土内部损伤速度较慢;第二个阶段内部损伤较为剧烈;随着冻融循环次数的增加,各组混凝土剩余抗压强度逐渐减小。随着再生骨料取代率的增加,剩余抗压强度出现了先增大后减小的趋势,在50%再生骨料取代率时剩余抗压强度最大。粉煤灰掺量为20%时,再生混凝土的剩余抗压强度最大;基于宏观损伤力学理论,建立了综合考虑再生混凝土材料参数、冻融循环作用影响的耐久性损伤模型。

(3)针对不同再生骨料取代率及不同粉煤灰掺量的再生混凝土试件,运用试验方法,进行了冻融循环与硫酸盐侵蚀双重作用下耐久性能的研究。试验结果表明,混凝土的质量损失率随着循环次数的增加而增大,且质量损失率均大于冻融循环试验;混凝土的相对动弹模量随着循环次数的增加而减小。冻融循环和硫酸盐侵蚀双重作用下再生混凝土相对动弹模量小于冻融循环试验，表明其内部损伤较大。再生骨料取代率与粉煤灰掺量对于质量损失率与相对动弹模量的影响与冻融循环试验相似；再生混凝土经历 300 次冻融循环与硫酸盐侵蚀双重作用过程中，相对动弹模量变化主要分为三个阶段：匀速下降期，缓慢下降期，加速下降期。这三个阶段分别代表混凝土内部损伤的三个阶段：表观损伤期，损伤稳定过渡期，损伤加剧期；20% 与 50% 再生骨料取代率时混凝土剩余抗压强度最大，最小值出现在 100% 再生骨料取代率下。粉煤灰掺量为 20% 时，再生混凝土的剩余抗压强度最大；冻融循环和硫酸盐侵蚀双重作用下再生混凝土剩余抗压强度小于冻融循环试验；冻融循环与硫酸盐侵蚀双重作用下，再生混凝土表层硫酸盐传输性能变化主要表现为两个阶段；硫酸盐溶液对混凝土的抗冻性产生正面与负面两方面影响，负面影响始终大于正面影响；从宏观损伤力学理论出发，建立了综合考虑再生混凝土材料参数、冻融循环和硫酸盐侵蚀双重作用影响的耐久性损伤模型。

（4）针对不同再生骨料取代率及不同粉煤灰掺量的再生混凝土试件，运用试验方法，进行了冻融循环与碳化双重作用下耐久性能的研究。试验结果表明，随着再生骨料取代率与粉煤灰掺量的增多，混凝土的碳化深度随之增大。冻融循环与碳化双重作用试验下混凝土的碳化深度大于碳化试验下碳化深度；经过冻融循环与碳化双重作用后，各组混凝土的平均质量损失率随着循环次数的增加出现先减小后增大的趋势。碳化—冻融作用下质量损失率大于冻融—碳化作用下质量损失率，且两者均小于冻融循环试验后质量损失率；混凝土的相对动弹模量随着循环次数的增加而减小。碳化—冻融作用下相对动弹模量大于冻融—碳化作用下相对动弹模量，且两者均小于冻融循环试验后相对动弹模量。再生骨料取代率与粉煤灰掺量对于质量损失率与相对动弹模量的影响与冻融循环试验相似；再生混凝土经过冻融循环与碳化双重作用过程中，相对动弹模量变化主要分为两个阶段：缓慢过渡期；匀速下降期；在碳化作用下，再生骨料取代率为 0 时剩余抗压强度最大；在冻融循环与碳化双重作用下，再生骨料取代率为 50% 时剩余抗压强度最大。碳化—冻融作用下剩余抗压强度大于冻融—碳化作用下剩余抗压强度，且两者均小于碳化试验后剩余抗压强度；再生混凝土碳化深度与力学性质之间的关系表明：再生混凝土的抗压强度存在一个阈值，当小于这个阈值时，加速碳化系数变化速率较大，大于这个阈值时，加速碳化系数变化速率较小；引入再生混凝土复合损伤影响系数 λ_C，分析了碳化作用对再生混凝土抗冻性能的影响；引入再生混凝土复合损伤影响系数 λ_F，分析了冻融循环对混凝土碳化性能的影响；从宏观损伤力学理论出发，建立了综合考虑再生混凝土材料参数、冻融循环和碳化双重作用影响的耐久性损伤模型。

（5）根据核磁共振技术，再生混凝土孔隙分布主要为 3 个峰，小孔与中孔所对应峰的面积占峰总面积的 60% 以上，表明再生混凝土内部微小孔隙占绝大部分。随着再生骨料取代率的增加，小孔与中孔所对应的峰值增加明显，大孔与裂缝对应的峰值变化较小。随着粉煤灰掺量的增加，所有波峰有整体向左移动的趋势，表明再生混凝土内的孔隙半径整体减小；冻融循环作用下再生混凝土微观结构的损伤过程可以总结为 5 个阶段：小孔与中孔产生和发展阶段—小孔与中孔加剧产生和扩展阶段—大孔产生和发展阶段—大孔加剧扩展阶段—大孔及裂缝加剧扩展及冻融破坏阶段；冻融循环与硫酸盐侵蚀双重作用下混凝土微观结构的损伤过程可以总结为 6 个阶段：小孔产生和发展阶段—小孔与中孔被填充减少阶段—小孔与中孔加剧扩展阶段—大孔产生和发展阶段—大孔发展遏制稳定阶段—裂缝数量加剧扩展及内部结构破坏阶段；碳化作用下再生混凝土微观结构的损伤过程可以总结为 3 个阶段：大孔及裂缝的填充减小阶段—小孔、中孔、大孔及裂缝均匀填充过渡阶段—小孔与中孔加剧减小阶段；冻融循环与碳化双重作用下再生混凝土微观结构的损伤过程可以总结为 6 个阶段：小孔与中孔被填充减少阶段—裂缝初步产生阶段—小孔与中孔缓慢增加阶段—大孔及裂缝平缓过渡阶段—小孔与中孔急剧减小阶段—大孔与裂缝加剧扩展及内部结构破坏阶段；得到了复合侵蚀作用后的孔隙分布曲线和孔隙谱面积数据，建立了谱面积及各个尺寸孔径所占面积与循环次数之间的关系，可以快速地得到不同复合侵蚀作用次数下，再生混凝土孔隙体积及孔隙分布的变化情况，从而获知再生混凝土在复合侵蚀作用下损伤演化特性。

（6）随着冻融次数增大，再生混凝土试样的微观断面由光滑平整断面向凹凸不规则性发展；试样的完整性受到破坏，逐渐被贯穿性裂缝分割为几部分，表现出结构的松散性。经过 300 次冻融循环后，再生骨料取代率较多的混凝土试件孔隙表面裂缝较少，且粉煤灰掺量为 20％时可以有效减少冻胀裂缝；冻融循环与硫酸盐侵蚀双重作用下，再生混凝土微观形貌中除了侵蚀产物针状钙矾石与柱状石膏的出现，还伴有冻融过程中产生的静水压力和渗透压力所引起的微裂纹，它们相互促进，加速了混凝土中微裂纹的扩展与结构疏松。随着循环次数增大，微裂隙不断产生和扩展，大尺寸孔隙甚至裂缝、孔洞逐渐出现，最终出现贯穿性裂纹，导致混凝土损伤破坏；再生骨料取代率为 100％与粉煤灰掺量为 20％的混凝土，石膏与钙矾石的 XRD 衍射波峰值最低，表明在冻融循环与硫酸盐侵蚀双重作用下反应生成的膨胀产物最少，内部损伤较轻；在冻融循环与碳化双重作用试验中，由于碳化作用加固了混凝土界面过渡区，因此界面过渡区周围的砂浆首先遭到破坏，从而产生了微小裂缝。随着冻融循环的发展，裂缝的数量及宽度逐渐增加，从而形成贯穿性裂缝。这些裂缝会向周围延伸，最后破坏混凝土界面过渡区。掺加 100％再生骨料以及 20％粉煤灰的混凝土，经过冻融循环与碳化双重作用后微观表面损伤程度较轻。

8.2 研 究 展 望

冻融循环、硫酸盐侵蚀、碳化作用是导致再生混凝土劣化的三个主要原因，其影响因素复杂，危害性大，研究范围广，复合侵蚀作用下再生混凝土耐久性研究是一项长期而艰巨的任务。本文针对再生混凝土冻融循环试验、冻融循环与硫酸盐侵蚀双重作用试验、冻融循环与碳化双重作用试验进行了一定的研究，综合已有研究成果，不难发现仍有许多问题需要进一步完善和研究。在今后的研究中，认为主要有以下几点需要继续进行研究：

（1）本试验在复合侵蚀作用过程中只考虑两个因素对于再生混凝土耐久性能的影响，并未考虑三个以及三个以上因素复合侵蚀作用对于再生混凝土耐久性的影响，多个因素复合侵蚀作用下再生混凝土的耐久性能变化过程及各个因素之间的关系更加复杂，因此还需要进一步的深入研究。

（2）进一步研究复合侵蚀作用后再生混凝土的核磁共振特性与再生混凝土在复合侵蚀作用下损伤力学之间的关系，完善核磁共振特性与再生混凝土力学特性的数学模型，进一步开展再生混凝土的损伤劣化机理研究。

参 考 文 献

［1］ 郭远新，李秋义，岳公冰，等. 考虑粗骨料品质和取代率的再生混凝土抗压强度计算［J］. 建筑结构学报，2018（4）：153－159.

［2］ 肖建庄，唐宇翔，张航华，等. 全再生骨料混凝土基本特性及受压损伤本构［J］. 同济大学学报（自然科学版），2023，51（12）：1910－1918，1982.

［3］ Khodair Y，Bommareddy B，Khodair Y，et al. Self－consolidating concrete using recycled concrete aggregate and high volume of fly ash，and slag［J］. Construction and Building Materials，2017，153：307－316.

［4］ 常洪雷，陈繁育，金祖权，等. 再生骨料混凝土在护岸工程应用的可行性［J］. 材料导报，2020，34（36）：206－211.

［5］ 李曙光，陈改新，鲁一晖. 基于数字图像处理的混凝土微裂纹定量分析技术［J］. 建筑材料学报，2013，16（6）：1072－1077.

［6］ 王忠星，李秋义，曹瑜斌，等. 硫酸盐侵蚀对再生混凝土多重界面显微结构的影响［J］. 硅酸盐通报，2017，36（2）：443－448.

［7］ 朱平华，史志浩，严先萃，等. 暴雨作用下新型再生透水混凝土的抗堵塞性能［J］. 建筑材料学报，2023，26（10）：1088－1095.

［8］ 袁晓露，李北星，崔巩，等. 干湿循环—硫酸盐侵蚀下矿物掺合料对混凝土耐久性的影响［J］. 硅酸盐学报，2009，37（10）：1754－1759.

［9］ 高润东，赵顺波，李庆斌，等. 干湿循环作用下混凝土硫酸盐侵蚀劣化机理试验研究［J］. 土木工程学报，2010，43（2）：48－54.

［10］ Jo Y K. Adhesion in tension of polymer cement mortar by curing conditions using polymer dispersions as cement modifier［J］. Construction and Building Materials，2020，242：118－134.

［11］ Rajeshwar B K，Jang I，Yi C. Effect of microwave on mechanical properties of epoxy mortar［J］. Construction and Building Materials，2019，218：681－688.

［12］ Marinković S，Radonjanin V，Malešev M，et al. Comparative environmental assessment of natural and recycled aggregate concrete［J］. Waste Management，2010，30（11）：2255.

［13］ Chen C，Habert G，Bouzidi Y，et al. LCA allocation procedure used as an incitative method for waste recycling：An application to mineral additions in concrete［J］. Resources Conservation and Recycling，2010，54（12）：1231－1240.

［14］ Bogas J A，Brito J D，Ramos D. Freeze－thaw resistance of concrete produced with fine recycled concrete aggregates［J］. Journal of Cleaner Production，2016，115：294－306.

［15］ Lei B，Li W，Tang Z，et al. Durability of recycled aggregate concrete under coupling mechanical loading and freeze－thaw cycle in salt－solution［J］. Construction and Building Materials，2018，163：840－849.

［16］ 黄灵芝，王嘉欣，司政，等. 水饱和度对再生混凝土力学性能的影响及微观机理分析［J］. 实验力学，2024，39（3）：378－388.

［17］ Debieb F，Courard L，Kenai S，et al. Mechanical and durability properties of concrete using contaminated recycled aggregates［J］. Cement and Concrete Composites，2010，32（6）：421－426.

［18］ 郑述芳，李华影，陈祥花，等. 粉煤灰掺量对全再生自密实混凝土工作性能与力学性能的影响［J］. 硅酸盐通报，2024，43（4）：1445－1454.